数学は言葉

math stories 刊行にあたって

「何の役に立つのかわからない」

これは数学を学ぶ学生から,最も多く寄せられる問いかもしれません。この問いに対し,最先端技術にとって数学がいかに重要であるかがたびたび力説されてきました。

しかし,学生たちは本当に,数学が現代社会の中でどのように役に立っているかを知りたいのでしょうか。あるいは,自分が職業をもったときに,数学を学んだことでどのように得になるかを知りたいのでしょうか。数学を学ぶことに疑問や困難を感じている学生にとって本当に知りたいのは,むしろ学んでいることの「意味づけ」あるいは「位置づけ」ではないでしょうか。つまり,今日学んだことが過去に学んだことそして未来に学ぶであろうことの,いったいどのあたりに位置しているかがわかる「数学の地図」が欲しい,という声のような気がします。

そうした学生の視点で見たとき,学校の算数・数学の授業は「数学の地図」を提供してくれていないように思います。そこで私たちは,小学1年生から大学初年級までの算数・数学の地図を作り,その地図の中で各単元がどのような役割を果たしているのかを考えてみることを思い立ったのです。作業は難航を極めました。なぜなら,数学者である私たち自身,そんなことを考えてみるのは初めてだったからです。

皆で話し合っていくうちに,算数・数学には,いくつかの大きな物語があることに気づきました。偉大な定理や数学者の物語ではありません。無名有名を問わずおびただしい数の人々がかかわってきた,数学五千年の歴史が伝えようとしている長く壮大な物語です。

しかも驚くべきことに,数学五千年の歴史にかかわった人々

は，それを前の世代から正確に受け継ぎ，新たな発見を付け加え，また正確な形で次世代に手渡しています。さらにいえば文化を超えてまったく同じ内容が伝搬しているのです。そのようなことは，文学や哲学や医学など他の分野では見られなかった現象です。それはいかにして可能だったのでしょうか。

数学の歴史のちょうど中間地点でユークリッドによって著された，『原論』という書物にそれを解く鍵があります。そこから始まる物語は，人々が数学の「言葉」をどのように獲得していったかにまつわる物語です。

本シリーズは全体を通じて，高校1年生までの算数・数学の知識を前提として記述されています。それは，理系・文系を問わず高校数学を学んだすべての方に手に取っていただきたかったためです。各巻の前半では，小中学校の算数・数学の活動を別の視点からとらえ直すことから始めて，高校1年生で学んだ内容を解釈するような構成を心がけました。後半では，その先にどんな数学が待っているのかをなるべく専門用語を使わずに紹介しています。また，各巻のテーマに関連するコラムを各分野で活躍している研究者に執筆していただくことで，複数の視点から数学の物語を照らし出すよう工夫をしました。数学の森に出かけるみなさんにとって，本シリーズがポケットに忍ばせる地図，足元を照らすランプになることを願ってやみません。

本シリーズの刊行にあたっては，多くの方々からご協力そして温かい励ましをいただきました。多くのすばらしい数学書を世に送り出した編集者 故須藤静雄氏をはじめとして，東京図書編集部のみなさんは，度重なる困難のときも，常に私たちとともにいて励まし続けてくれました。ここに深く感謝申し上げます。

はじめに

みなさんは，「エスペラント」という言語を知っていますか？ 世界中で約100万人がエスペラント語を話すと言われています。ただし，「エスペラント国」という国が存在するわけではありません。この言語は19世紀の終わりに，ルドヴィコ=ザメンホフという人によって作られた人工の言語です。ザメンホフは世界中のあらゆる人が平等に，しかも簡単に学ぶことができ，それを使って世界中の誰とでも意思疎通ができる言語としてエスペラントを開発したのです。

ところで，エスペラントの他にも，もっと長い間，もっと多くの人が，国や文化背景によらずに共通で使っている言語，しかも人工的に作られた言語があるのです。何だか，わかりますか？

数千年かけて改良され続けた究極の人工言語 ── それが，数学なのです。

数学といっても，日々数学者が頭を悩ませている「ナマモノ」の数学ではありません。数学を伝えるための伝達用，保存用の数学です。純粋な数学語は現在，数学の論文や専門書の記述などに使われています。算数や数学の教科書は，「日本語まじり」の数学語で記述されています。

数学語には話し言葉はありません。書き言葉専用の言語です。そして，この言語は現在世界中で科学の共通言語として使われています。日本の子どもが突然海外の学校に転校したときに，いちばんホッとするのが数学の時間だとよく言われます。それは，数学の時間に使われる書き言葉だけは，理解できる，しかもそこで使われる理屈（論理）も世界共通で理解できるからなのです。

数学語は人工言語ですから，「ふつうに使っているうちになんとなくマスターする」ということはありえません。会話がないので，便利なCDもありません。文法と練習問題を積み重ねて，ある程度がんばらないと身につかないのです。

そんなにがんばって数学語を身につける必要があるのでしょうか。もし，数学語が数学者の間だけで使われている言葉なら，そんなものは全員が勉強する必要はないかもしれませんね。

ところが，困ったことに，数学語は数学や科学だけで使われている言葉ではないのです。論理的とよばれているありとあらゆる分野で，数学語が共通語として使われているのです。法律と数学とでは語彙が異なるので，見かけはずいぶんちがいますが，その枠組みはたいへん似ています。たとえば，定理を判決に，証明を判決理由に読み替えると，裁判の判決文は数学の定理証明と非常に似た形式であることに気づくでしょう。私たちの社会を支配している法律と数学は，もともと古代ギリシャで兄弟のように生まれ育ってきたのです。

というわけで，この本の目的は，「数学語を第二言語として身につける」です。

言語の本ですから，「ナマモノ」の数学に出てくる補助線の引き方やつるかめ算など数学技能については勉強しません。三平方の定理やオイラーの公式のような有名な定理もやりません。その代わりに，数学の文法と和文数訳，数文和訳，そして数学の作文法を勉強します。

そんなことが何の役に立つのだろう？

あなたはきっとそう思ったことでしょう。けれども，日本語の数訳と数学語の和訳ができないことが，大学数学のつまずきの大部分なのです。

高校から大学までの間に飛び越えるべき深い溝があるとしたら，それはまちがいなく，数学語の溝であり，論理の谷なのです。それは，「説明しなくてもわかりあえる」池の中から，「説明しなければわからない」大海へと，みなさんがこぎ出す瞬間なのかもしれませんね。

CONTENTS

math stories 刊行にあたって ... iv
はじめに ... vi

CHAPTER 1 定義とは何か ... 1
- 1.1 論理の誕生 ... 2
- 1.2 どう定義すべきか ... 9
- 1.3 数学の辞書 ... 20

COLUMN　数学と言葉◆野崎昭弘 ... 31

CHAPTER 2 数学の文法 ... 35
- 2.1 命題の対象 ... 36
- 2.2 性質の表現 ... 44
- 2.3 数学の接続詞 ... 50

CHAPTER 3 和文数訳 ... 61
- 3.1 数訳のコツ ... 62
- 3.2 論理結合子の解釈 ... 72
  - 3.2.1 場合に分ける：「または」 ... 73
  - 3.2.2 箇条書きでまとめる：「かつ」 ... 78
  - 3.2.3 反対の反対は賛成：「否定」 ... 80
  - 3.2.4 前提と結論をつなぐ：「ならば」 ... 83
  - 3.2.5 置き換えと変形：「同値」 ... 85
  - 3.2.6 変数を扱う：「すべて」と「ある」 ... 88
- 3.3 論理記号の規則 ... 101
  - 3.3.1 交換法則・結合法則・分配法則 ... 102
  - 3.3.2 対偶 ... 109
  - 3.3.3 ド=モルガンの法則 ... 110

CHAPTER 4 数文和訳 … 121
- 4.1 なぜ数学教科書の日本語は難解か … 122
- 4.2 グラフのちがいを数文で表現する … 127
- 4.3 イプシロン-デルタ論法 … 136
- 4.4 微妙な差異を読み解く … 142
- 4.5 数訳の困難 … 150

CHAPTER 5 かたちから言葉を見る (影浦 峡) … 155
- 5.1 文のかたちに訴えるとき … 156
- 5.2 コンピュータが言葉を使う … 158
- 5.3 かたちを追求すると…… … 162
- 5.4 それでもできないこと … 165
  - 5.4.1 情報の入れ込み方・慣用 … 165
  - 5.4.2 状況や文脈に依存した表現 … 168
  - 5.4.3 言葉はモノでもある … 169
  - 5.4.4 とても複雑な文 … 170
- 5.5 ところで人間は,といえば…… … 171

CHAPTER 6 証明とは何か … 173
- 6.1 見ること,わかること。 … 174
- 6.2 事実と証明 … 178
- 6.3 証明の形式 … 189

CHAPTER 7 数学の作文 … 199
- 7.1 集合と論理 … 200
- 7.2 証明を書いてみよう … 203
- 7.3 数学的帰納法 … 209
- 7.4 「補題」はなぜ必要なのか … 218

CHAPTER 8 終章──ふたたび古代ギリシャへ … 225

引用文献・参考文献 … 240　　INDEX … 241

造本・装幀　岡 孝治＋椋本完二郎
イラスト　いずもり・よう

CHAPTER 1
定義とは何か

1.1 論理の誕生

数学文を分析することの手始めに，まずは，数学の教科書にあらわれる文を分析してみることにしましょう。

(1) $+8, +4$ などのように，0より大きい数を正の数という。
(2) 分数の形であらわされる数を有理数という。
(3) x を3とおく。
(4) 2つの正の数では，絶対値の大きいほうが大きい。
(5) 同位角または錯角が等しければ，2直線は平行である。
(6) 三角形の内角の和は180度である。

まず気づくのは，数学の文の語尾には，「〜という」と，「〜である」がやたらとあらわれるということです。これは，「〜であろう」や「〜かもしれない」といった語尾が頻出する他の科目の教科書ではありえない傾向です。

「〜という」は，新しい語を導入し，その意味を確定するために用いる語尾です。たとえば，「分数の形であらわされる数を有理数という」という文では，「有理数」という新しい語を導入し，その意味を「分数の形であらわされる数」によって確定しているわけです。このような形の文を数学では**定義** (definition) とよびます。最初にあげた文「$+8, +4$ などのように，0より大きい数を正の数という」も定義ですね。何を定義しているか，というと「正の数」です。では，その定義は何でしょう。「$+8, +4$ などのような数」でしょうか？ いいえ，これは例に過ぎません。定義は「0より大きい数」です。本当は，「0より大きい数を正の数という」でも十分なのですが，読者の理解を助けるために「$+8, +4$ などのように」という言葉を補っているのですね。

国語では，「男とは，女ではないほうの性」「女とは，男ではないほうの性」というような2つの文の組み合わせによる定義が許される場合がありますが，数学ではこれは定義とはよびません。これを字句どおりにとると，「男とは，男ではなくないほうの性」だということになり，「男とは，男の性のこと」となってしまい，何も定義していないことになってしまうからです。

　「0より大きい数を正の数という」という定義に，話をもどしましょう。あなたは，この文を読んで，きちんと「正の数」の意味がわかりましたね。では，幼稚園に通っている子どもはどうでしょう。この文で「正の数」の意味がわかるでしょうか。もしかすると，わからないかもしれません。それは，その子が「0」を知らないからかもしれませんし，「大きい」の（数学的な）意味を知らないからかもしれません。

　つまり，この文が数学的に有効な定義であるためには，その前に，「0」「大きい」「数」が定義されていなければならないのです。新しい語を導入する場合には，すでに定義された語のみを使って厳密にその意味が確定されなければならない，これが数学の定義のいちばん大切な約束事です。あなたが，「0より大きい数を正の数という」という定義で正の数がわかったとするなら，あなたは「0」「大きい」「数」の3つの定義をあらかじめ知っていたはずです。

　ですが，落ち着いてよく思い出してみてください。本当に，「0」「大きい」「数」の3つの要素は，正の数の定義が教科書に登場する以前，小中学校の教科書の中で定義されていたでしょうか。

　私たちは，小学校に入学し，算数の授業を受けるところから数学を学び始めます。それ以前には，体系だって数学について学ぶ場はありません。ということは，当然，「0」「大きい」「数」に関する定義も知らないはずです。だとしたら，小学1年生の教科書の最初で「数とは何か」の定義を教わらなくては，何も始まらないはずです。

ところが，小学1年生が習う最初の単元は「10までのかず」なのです。教科書の冒頭に「10までのかず」と書いてあるのです。「数」の定義の前に，「10までのかずとは，1, 2, 3, 4, 5, 6, 7, 8, 9, 10のことである」ということを習っているのです。

同様に，「大きい」と「0」も1年生の教科書にはじめて登場します。「大きい」の定義には次のように書かれています。

> 7こと9こでは，9このほうがおおいですね。このようなとき，7より9はおおきいといいます。

これは，定義でしょうか。

いいえ，ちがいます。これは例にすぎません。数学では定義とはよべません。

0についてはどうでしょう。1年生の教科書には，こんな0の定義が登場します。

> ひとつもないことを 0 とかきます。

　けれど,「気温が 0 度」というのは,「気温がひとつもないこと」を指しているわけではありませんね。「ひとつもないこと」は 0 を使って表現するのが適当であるような状況の一例に過ぎず,やはり定義としてはいまひとつです。

　このように,小中学校の教科書では,子どもが共通に有していると期待される常識や直観に依存して,数学の対象（数,0,大小）などの説明が続き,厳密な定義など,ほとんどどこにも登場していないことがわかります。
　つまり,数学的な例をたくさん見,計算することを通じて「どうも数とはこんなものらしいな」という直観を養っている段階が算数の時間なのです。英語の勉強でいうならば,とりあえずたくさん会話をして,英語ってこんな感じなのかな,とアバウトに理解しているといったところでしょうか。
　ですが,中学校以上の数学を学ぶには,「なんとなく」だけでは困ります。正の数にしても,0 が入るのか入らないのか,「どっちでもいい」というわけにはいきませんから。

| CHAPTER 1　　　　　　　　　　定義とは何か

　そこで，初心に立ち返って「ところで数とはなんぞや」と考え始めるわけです。が，これは，けっこうむずかしい。つい哲学的，というか宗教的な気分に陥って「数とは万物のはじまりである」のような文章でお茶を濁してしまいがちになります。ですが，これでは定義にはなりません。なぜなら，定義でいちばん重要なのは，次のことだからです。

> A という事柄を定義できた，とは，どんなものについても，それが A かどうかを論理的に判定できなければいけない。

　「数とは万物のはじまり」という定義に従って，原子は，98は，あるいは光が数かどうか判定できますか？　なんとなく，98よりも原子や光のほうが万物のはじまりのような気がしますよね。
　小学校1年生でも「あれのことだ」と理解するはずの自然数をどのように定義すればよいか。実は，人類最初の理論的数学書が編纂されたときにも，これが大きな課題となりました。人類初の数（自然数）の定義を見てみましょう。

> ・数とは単位から成る多である。

　では，単位とは何でしょう。単位の定義もあわせて書いてあります。

> ・単位とは存在するもののおのおのがそれによって1とよばれるものである。

　わかったようなわからないような定義ですね。この2つの定義を読んで，誰もが「ああ，これは"あの"自然数を定義しているのだな」と了解できる

とは思えません。どちらかというと，「数とは単位から成る多である」という文の「数」という語を先に了解し，そのあとで，「どうもこの定義は"あの"自然数のことを文章化しようとする試みらしい」と理解することになりそうです。これもやはり定義の約束事をクリアしているとは考えにくいですね。

さて，「数とは何か」を定義するという人類初の試みが行われたのは，古代ギリシャ時代でした。この定義はそのころ編纂された『原論』という数学書に登場するのです。

『原論』は，紀元前300年ごろユークリッド（エウクレイデス）によってまとめられた，主として平面幾何学と数論に関する数学書です。『原論』では，巻の冒頭に，出発点となる基本的な語の定義が掲げられます。数の定義も数に関する巻（7巻）の冒頭に出てきます。定義に続いて，証明を必要としないような最小限の共通概念がいくつか登場します。これを**公理**（と公準）とよびます。公理には，「同じものに等しいものはまた互いに等しい」[1]などがあげられます。こうして準備が整った後，定義と公理から論理的に新たな定理を演繹するわけです。そう，まさに，高校以上の数学教科書のスタイルです。書き言葉の数学のスタイルは，『原論』で確立されたといっても過言ではありません。

理科や社会でも定義は出てきます。けれども，その順序が数学とは微妙にちがいます。理科の教科書で「燃焼」のページをめくってみるとそのちがいがよくわかります。そこでは，まずろうそくの燃焼の写真と観察記録が出てくるでしょう。実際に観察した現象についての分析がすんだあと，解説のページに入ってはじめて定義が出てきます。

---

1) 数式で書くと，「$a=b$ かつ $c=b$ ならば，$a=c$ が成り立つ」となる。

> このように，物質が，多くの熱や光を出しながら，酸素と激しく化合することを特に燃焼とよんでいる。
>
> （教育出版『理科1分野下』より）

　「このように」というのは例を指しているわけですね。理科や社会では，後半の定義と同じくらい，例が重要です。最初に定義があるのではなく，いくつかの例の特徴を定義としてまとめているのが理科や社会の教科書です。

　それに対して，数学の教科書では例が出てくるより前にまずは定義です。それではあまりにイメージがつかめないので，小中学校の教科書では定義より前に例をもってくることが多いのですが，大学以上では必ず定義が最初。それが書き言葉としての数学の統一スタイルです。それには理由があります。あとの章で詳しく書きますが，数学のいちばん重要な価値は「自由」にあります。例をあげると，その例に縛られてしまう，それが数学はいやなのです。「数とは単位からなる多である」と定義しておいて，そのあとで「193は数である。なぜなら，193は単位からなる多だから」と説明したいのです。具体的なイメージや関係にとらわれずに，論理だけで話を進めたい，それが数学のスタイルです。

1.2 どう定義すべきか

　ユークリッドによる『原論』は全13巻で構成され，1巻から4巻が平面幾何，5巻，6巻が比の理論，7巻から9巻が数論にあてられ，10巻は無理数論，11巻から13巻が立体図形とその体積を扱っています。

　そのうち，最も有名な第1巻の冒頭は幾何学の「定義」から始まります。

1．点とは部分をもたないものである。
2．線とは幅のない長さである。
…
5．面とは長さと幅のみをもつものである。
…

　数学書の典型的なスタイルだ，と思ったかもしれません。その印象はある意味正しいのですが，ある意味ではまちがいです。先に述べたように，このような数学書のスタイルは『原論』で確立されたものだからです。『原論』以降二千年以上にわたって私たちはこのスタイルを踏襲してきました。だから，みなさんにとってこのスタイルは当たり前で退屈にうつるかもしれません。しかし，それ以前の数学書は『原論』とは似ても似つかないスタイルだったのです。

　たとえば，現存する最古の数学書として知られている古代エジプトの『リンド・パピルス』の数学文はこんな感じでした[2]。

2）筑波大学「代数・幾何・微積 For All プロジェクト」資料より。

CHAPTER 1 　定義とは何か

RMP 56　底面の1辺が 360 キュービット，その高さが 250 キュービットのピラミッドを計算する問題。汝は私にそのセルカドを知らせよ。

【解説】

汝は360の $\frac{1}{2}$ を行うことになる。すると180になる。汝は250のかけ算をして，180を求めることになる。すると1キュービットの $\frac{1}{2}\ \frac{1}{5}\ \frac{1}{50}$ になる。このキュービットは7掌尺である。汝は7を $\frac{1}{2}\ \frac{1}{5}\ \frac{1}{50}$ 倍するかけ算を行うことになる。

1	7
$\frac{1}{2}$	$3\ \frac{1}{2}$
$\frac{1}{5}$	$1\ \frac{1}{3}\ \frac{1}{15}$
$\frac{1}{50}$	$\frac{1}{10}\ \frac{1}{25}$

そのセルカドは $5\ \frac{1}{25}$ 掌尺である。

この問題と解説を読んだみなさんは，まず「キュービットとは何だろう」「セルカドとキュービット，さらに掌尺はどのような関係なのだろう」と思

うことでしょう。そして，無意識に『リンド・パピルス』の前のほうのページをめくって，それらの語の定義を調べてみようとすることでしょう。

けれども，『リンド・パピルス』には定義はいっさい書かれていません。書いてあるのは，問題とその解法のセットだけなのです。『リンド・パピルス』には，このように問題とその解法がセットになったものが全部で87問掲載されています。なんだか，受験用問題集をほうふつとさせますね。現代では，教科書で理論をやって問題集で問題を解く，ということになっていますが，古代エジプトの遺跡からは数学教科書や理論書は発見されていません。『リンド・パピルス』の解法のごたごたさ加減から推理すると，たぶん，理論書は存在していなかったのでしょう。

それに，『リンド・パピルス』の筆者は数学者ではなく王宮に勤める書記官でした。『リンド・パピルス』はオリジナルの数学書ではなく，過去の書物を写したものなのです。この時代は，「いかに問題を解くか」ということより，「どれだけたくさん問題と解法を知っているか」が重要だったのですね。

ですが，みなさんもよく知っているように，「たくさん解法を知っている人」は「論理的な人」にいつかは追い越されてしまいます。なぜでしょう。古代エジプトと古代ギリシャの数学の発展のちがいにその答えを見出すことができます。

『リンド・パピルス』の記述スタイルは，個別的・具体的でした。一方，『原論』は冒頭から抽象的です。しかも，別に定義しなくても誰もがイメージを共有しているはずの点・線・面の定義から出発します。さらに，証明の「型」をごく厳密に適用します。

『リンド・パピルス』では，最初の問題から意味のある具体的な課題を具体的な方法で解決します。遺産の分割方法，土地の測量方法など生活のさまざまなシーンで明日から役立つ知恵が詰まっています。一方，『原論』では最初の数十ページを見ても，ろくな定理は証明されていません。たとえば，『原論』の定理20が証明しているのは，「三角形のどの2辺の長さの和も，残りの1辺の長さより長い」という定理です。当時でさえ，「そんなことはロ

CHAPTER 1　　　　　　　　　　定義とは何か

バでも知っている」と皮肉る者が少なくなかったと伝えられています。

　ここまでは，古代エジプトの勝ちですね。

　けれど，冒頭の「亀の歩み」を通り過ぎた後，『原論』は飛躍的にその数学的深みを増していくのです。また，『原論』を学んだ古代ギリシャの数学者らによって，この後数十年のうちに数学はそれ以前の三千年ほどの歴史を凌駕する勢いで発達してしまうのです。

　そうなのです。古代ギリシャは古代エジプトの，いえ，それまでのありとあらゆる古代文明が培ってきた数学を一瞬にして乗り越えてしまったのです。

　古代ギリシャ人が何を思って『原論』のような，異常ともいえる記述方法を編み出したのかわかりません。なぜ，ここまでの厳密性にこだわったのかもわかりません。ただいえることは，この勝利は，古代ギリシャ人の頭のよさや数学的センスよりも，『原論』の記述スタイル，まどろっこしいまでに厳密性を追求する「定義」と「証明」というスタイルによってもたらされたということなのです。

　高い建物を造るには，まず地面を平らにならさなければなりませんね。次に，使う建材の縦横を直角にし，積み重ねた面がまた地面と平らになっていることを確認しなければなりません。でないとピサの斜塔のように傾いてし

まいます。

　まったく同じ原理で，思考もただ重ねただけでは高みに到達することはできないのです。複雑なことを考えるには，最初から複雑で多様なことを考えてみてもだめなのです。複雑なことを考えるには，ごく単純なことをごく当たり前な方法でひとつずつ積み重ねる以外に方法がないのです。

　『原論』は，私たちが日常の中で「当たり前」「説明しなくてもわかる」と考えていた概念をあえて取り出し，呪術性や背景を捨て，積み重ね可能になるように平らに規格化したのです。

　規格化する，ということは，別の言葉でいうと，神秘性がなくなり個人の感性を発揮できなくなり，つまらなくなる，ということでもあるでしょう。ですが，人間社会には，法律をはじめとして個人の感性で左右されては困る領域があります。そのような部分が古代ギリシャ以降，数学語で記述されるようになっていきます。

　こうして，ユークリッドの『原論』は聖書とならぶ不朽のベストセラーになりました。二千年以上にわたり世界各地で数学の教科書として読み継がれてきたのです。二千年以上も前によその国で書かれたものが，解説もなしにそのまま「わかる」ということは，ふつうはありえないのですが，数学語ではそれが可能なのです。

　『原論』を読んでいると，古代ギリシャのある種の信念を感じます。彼らはどうもこんなふうに考えていたようです。

> どんなに異なる文化背景の下でも，人間には共有できる最低限の概念がある。それは**論理**だ。宗教や風習，信念や常識は文化によってさまざまだが，論理だけは共有できる。

　その前提が正しいかどうかはわかりません。もしかすると，多民族による多神教の都市国家であった古代ギリシャにとって，それ以外にフェアに「わかりあう方法」が見つからなかったというだけの話かもしれません。

ですが，私たち人類は古代ギリシャ以降二千年にもわたって，共通ルールとしての論理に価値をおいてきました。それはまぎれもない事実です。呪術や慣習ではなく，法という論理のルールの下で社会を形成してきたこと自体，「論理は共有できるはずだ」という信念を古代ギリシャから受け継いでいる証拠だといえるのではないでしょうか。

もう一度，『原論』の定義文にもどってみましょう。9ページの3つの文は，点・線・面を定義しているかのような見かけをしていますが，部分・幅・長さが何かということが示されていないので，厳密には定義とみなすことはできません。つまり，点・線・面についてはそれ以上定義をさかのぼることができないと宣言しているのと同じです。このような語のことを**無定義用語**とよぶことにしましょう[3]。無定義用語は，定義をせずに導入してもよい語です。しかし，無定義用語だらけでは意味のある数学として成り立ちません。無定義用語は必要最小限にとどめるというのが，暗黙のルールとなっています。

ところで，『原論』を読んだ学生の多くが，共通して抱く疑問があります。それは，次のことです。

> 点には長さがないのに，なぜそれが集まってできた線には長さがあるのだろうか。
> 線には面積がないのに，なぜそれが集まってできた面には面積があるのだろうか。

先入観を取り去って，あらためて，点・線・面に関する3つの定義を読んでみましょう。線は，幅のない長さ，として定義されていますね。その定義に点は用いられていません。また，面は，長さと幅のみをもつもの，として定義されています。その定義に線は用いられていません。ここまでは，点・

---

[3] 先ほど登場した「数の定義」も定義とはいえません。『原論』では，数も無定義用語なのです。

線・面は，相互に関係のない独立した概念として導入されているのです。次に，ユークリッドは三者の関係について次のように規定しました。

- 線の端は点である。
- 面の端は線である。

『原論』の定義では，点と線の関係は，「線の端は点である」ということによって規定されているわけです。そして，線と面の関係は「面の端は線である」ということによって規定されているのです。「はじめに点ありき」ではなく，むしろ，はじめにあるのは面なのです。その面の切断部分が線となる，とユークリッドは定義したのです。そして，線の切断部分が点なのです。ユークリッドは，こうして巧みに先の2つの疑問を回避し，幾何学の出発点を定めることに成功したのです。

ちなみに，『原論』の23の定義と5つの公準（要請）と5つの公理（共通概念）からは，「どんな短い線の上にも無数に点が存在している」ことは証明できますが，「点が無数に集まると長さを生じる場合がある」ということを導くことはできません。また，その必要もないのです。なぜなら，ユークリッド幾何学は，目盛りがついていない（理想的な）定規とコンパスを用いて作図できる図形の性質を明らかにするための体系だからなのです。

さて，『原論』を読んだ学生が抱く，典型的疑問がもうひとつあります。

> どんなに細い線を書いたとしても，線には必ず幅があるはずだ。ユークリッドが主張するような線など存在しないのではないか。

「面の端は線である」ということを利用すると，次のように線を視覚的に説明することができます。まず，2枚の色のちがう紙を用意し，その2枚を図のように重ねてみます。

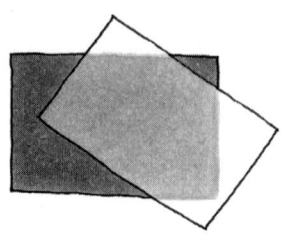

すると，2枚の紙の境界に生じる線には面積がないはずですね。このように考えると，ユークリッドが定義した理想的な線は存在することが一応納得できることでしょう。さらに，ここでもう一歩進めて考えてみることにしたいと思います。

存在しないものは定義してはいけないのでしょうか？

理科や社会では存在しないものの定義などしません。なんといっても，理科や社会では，まずは例ありき，なのですから。けれども，数学ではちがいます。「定義ありき」なのです。具体的対象が存在するかどうかは，定義してもよいかどうかに関係ないのです。

もうひとつ，「意味のある定義」をする上で気をつけなければいけないことがあります。それは，定義の間に矛盾が生じないようにすることです。

たとえば，「点の長さは a である」「a は 0 より大きい」という定義をユークリッドの体系に付け加えたとしましょう。すると，1 の長さの直線の上には，$\frac{1}{a}$ 個の点しか存在しえないことになります。これは，線の任意の切断部分が点である，という定義と矛盾することになります。不用意に定義を付け加えると，営々と築いてきた数学を崩壊させることにもなりかねません。体系は無矛盾であってこそ意味があるのです。

これまでにわかったことをまとめておきましょう。
定義をするときに気をつけなければいけないのは次の 4 点です。

1. A という語句を定義したとする。このとき、どのような対象についても、A に当てはまるかどうか、論理的に判定できなければいけない。
2. 無定義用語でなければ、A という語句の定義の中に使われる語句は A の定義に先立って定義されていなければならない。
3. 新たに付け加える定義によって、すでに構築された数学を破壊してはいけない。つまり、その定義を付け加えることによって、数学の体系から矛盾が生じるようになってはいけない。
4. 無定義用語は必要最小限にとどめることが望ましい。

以上の約束事を守って、実際に数学用語の定義に挑戦してみましょう。

次の用語の定義を書け。ただし、使ってよい語は、(全体としての)自然数、$0, 1, 2, 3, \cdots$、大きい、等しい、割り切る、のみとする。
1. 偶数
2. 奇数
3. 最大公約数
4. 素数

偶数とは、「2 によって割り切ることができる自然数」と定義することができます。奇数とは、偶数ではない自然数のことです。よって、奇数は「2 によって割り切ることができない自然数」と定義すればよいでしょう[4]。

自然数 n と m の最大公約数とは、「n と m の両方を割り切る自然数のうち、最大のもの」です。ただし、「最大」という言葉はまだ定義されていません。「最大」を「大きい」だけを使ってうまく言いあらわす方法はないでしょうか。「最大」とは、それより大きいものがない、ということですね。

---

[4] ここでは、「奇数とは 2 で割ると 1 余る自然数である」という文は、「割る」「余る」がまだ定義されていないため、適切だとはいえないことに注意しよう。

とすると，自然数 n と m の最大公約数とは「n と m の両方を割り切る自然数の中で，それよりも大きいものがないようなもの」と定義すればよいことになります。

素数とは，「1とそれ自身以外では割り切ることができない，1より大きな自然数」と定義すればいいですね。

次の用語の定義を書け。その定義をする際に必要な語もあわせて定義せよ。

▶ **円周率**

まずは，「円周率とは，円周の長さと直径の比の値のことである」と書けたでしょうか。ですが，これではまだ道半ば。この定義を有効にするには，円周，直径そして比の値の3種類の語句を定義しなければならないからです。

円周と直径を定義するには，円の定義が欠かせません。

さて，円とは何でしょう。

こういうとき，つい散文的な思索，たとえば，「円とは私たちそれぞれの心の中にある」「あらためて円とは何かを考えると，それがたいへん困難であることに気づく」といった思索にふけりそうになります。でも，それでは定義ではなく，感想文です。**感想をいくら並べても数学にも科学にもならない**ので注意しましょう。小中高校を通じて，国語の作文指導や小論文対策で，どうにでもとれる曖昧な文章を書く癖がついてしまった人にとっては，ここが最初の難関になるはずです。苦しいかと思いますが，がんばって乗り越えましょう。

円（と半径）の定義の模範解答は次のようになります。

> 平面上で点 A から一定距離 d（ただし，$0<d$）にある点全体がなす図形のことを「点 A を中心とした半径 d の円」といい，d をこの円の「半径」という。

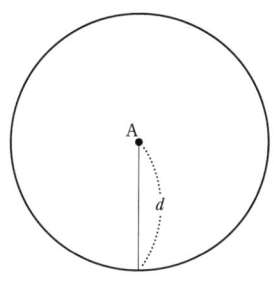

　この定義を読んで「確かにそうだ」と思った人，「なんで，これで円になるの」と思った人，といろいろでしょう。この定義には，円について私たちがまず思い浮かべる，丸いとか（楕円のような）偏りがない，といった性質がいっさい使われていません。けれども，実際に点 A から距離 d にある点の集まり，とは平面上では円，3次元空間上では球にちがいありません。

　ここまでくれば，直径の定義は簡単です。直径とは半径の2倍の長さのことですね。ここでも，直径と「円の端から端までの線」という視覚的イメージを混同してはいけません。直「径」というくらいですから，**直径は図ではなく長さ**です。そして，a と b の比の値とは，$\frac{a}{b}$，すなわち，a を b で割った値のことです。

　ただし，これでもまだ，円周率がひとつに決まるかどうかがわかりません。円周の長さと直径の比の値が，円によらずに一定であること（つまり，円周率はどの円でも同じであること）を証明しなければならないからです。

　円周率はどの円でも一定であるという定理を仮定するなら，以上の手続きを経て，ようやく円周率は無事定義されることになります。

1.3 数学の辞書

　前節の最後で円周率を定義してみて、「円周率を使って計算をするより、よほど疲れる」と、感じた読者は少なくないでしょう。そうなのです。日頃何気なく使っている言葉を確実につかまえて言葉で表現することは、むずかしいことです。場合によっては、定理を証明するよりも、定義をすることのほうがむずかしいほどです。

　実物の円を見れば、小さい子でも、それが円であることを理解します。けれども、「円とは何か」と尋ねられたら、説明に窮してしまう。それは、無限に存在する具体例を、たった一文で正確に説明しなければならないからです。それは、人間にとって、非日常的な行為です。だから脳がフル回転してくたびれるのでしょうね。なにしろ、古代ギリシャ以前の数千年の間、人類は「定義をする」という高度な技に到達できなかったくらいですから。

　なぜそんなに苦労をしてまで「定義をする」という活動が数学に必要なのか、それについてこの節では考えていくことにしましょう。

　次の文を読んでみてください。

2点 $A(\vec{a}), B(\vec{b})$ を結ぶ線分 AB を $m:n$ に内分する点 P の位置ベクトル $\vec{p}$ は

$$\vec{p} = \frac{n\vec{a} + m\vec{b}}{m+n}$$

特に、線分 AB の中点の位置ベクトルは $\dfrac{\vec{a}+\vec{b}}{2}$

この文章を読んで，すぐに意味がわかる人と，何も頭に入ってこない人がいるでしょう。なぜそこにちがいが出るのでしょうか。この文章を読んで「ああ，こういう意味だな」とわかる人は，当然のことながら，この文にあらわれる語句「線分，内分，位置ベクトル，中点」などの意味を知っていて，しかも，途中に出てくる記号「$A(\vec{a})$，$B(\vec{b})$，$m:n$，$\vec{p}$」などの読み方や意味を知っています。一方，これらの語句や記号の意味を知らないと，「点，結ぶ，特に」から前後の意味を推量する以外にありません。けれども，数学の文はそれでは読み解けないはずです。

　「線分，内分，位置ベクトル，中点」という言葉のうち，「線分」と「位置ベクトル」と「中点」は対象です。「内分」は関係です。数学の文を読んで「わからない」と感じるときは，たいてい対象か関係をあらわす言葉でつまずくのです[5]。では，この「わからなさ」は数学的能力の欠如によるものでしょうか。いいえ，ちがいます。このわからなさは，経済新聞をはじめて開いたとき，あるいは『源氏物語』をはじめて読もうとしたときに感じるわからなさと同じタイプのものです。つまり，語彙が足りないために起こるわからなさです。

　数学語も言語ですから，英語やフランス語を学ぶときと同様に，ある程度の語彙は必要です。論理性だけでは，使いこなすことはできないのです。

　さて，英語の長文を読んでいて，意味がわからない言葉が出てきたらあなたはどうしますか。多くの人は，次の2つの方法を試すでしょう。ひとつめは，前後の脈絡からだいたいの意味を想像する，という方法です。2つめは，その語句が指し示している事例から何を伝えようとしているか想像する，という方法です。これが私たちが幼いころ日本語を習得した方法でもあります。しかし，数学ではそれはうまくいきません。ほぼまちがいなく，**うまくいかない**のです。それが数学の文を異質に感じる大きな理由のひとつだと考えられます。

　知らない言葉が散りばめられた文章を読むには，もうひとつ方法がありま

5）この「対象」と「関係」については次のCHAPTER 2で詳しく説明する。

す。それは辞書を使うこと、です。数学の文を読んでいて知らない語句や記号に出くわした場合、正しく理解するための唯一の手段が、辞書でその語句の意味を調べることなのです。ですが、みなさんは国語辞典や英和辞典や、もしかしたら古語辞典も持っているかもしれませんが、数学辞典を持っている人はまれでしょう。なぜまれか、というと、多くの場合その必要がないからです。なぜ必要がないかというと、数学の教科書には必ず辞書がついているからです。

「どこに辞書がついているのだろう」と思った人もいるでしょう。実は「定義」こそが数学の辞書なのです。数学の教科書だけでなく、数学論文でも、初出の言葉は必ず数学的に定義されます。定義されていない言葉は決して使われません。たとえば、20ページで取り上げた文の前にはこのような定義が掲げられているはずです。

- 直線 l 上の異なる 2 点 A, B に対して、l 上の点で A, B の間にある点からなる部分を線分 AB という。
- 線分 AB 上にある点 P について、AP と PB の長さの比が $m:n$ になるとき、P は AB を $m:n$ に内分するという。特に、AP と PB の長さの比が $1:1$ になるとき、P を AB の中点という。
- 空間上の点 A に対して、原点 O を始点とし、A を終点とするベクトル $\vec{a}$ を点 A の位置ベクトルとよぶ。

このように数学では必ず、本文の中に辞書の部分が含まれているのです。これは、学問書の中ではまれなことです。哲学書での言葉の導入のされ方と比べてみましょう。

> 言語の混乱はもはや罰ではない。主体は手をたずさえて働く言語活動の共存によって悦楽に近づくのだ。テクストの快楽，それは幸せなバベルだ。
>
> （ロラン=バルト『テクストの快楽』より）

　「テクスト」とは何か，この文章を読んだだけではよくわかりません。悦楽と快楽は同じか異なるのか，その定義は曖昧なままおかれているようです。文学や哲学ではあえてそれを許容することで，言語のきらめきのようなものを獲得しようとします。ただし，曖昧な概念どうしが絡みあえば，解釈が幾筋にも分かれ，ある限度を超えると共通した意味をもたなくなり，言葉として使えなくなる危険性があります。数学ではそれとは反対の方向へと言語の構築を進めます。ひとつひとつの定義は，（そこまでに定義された語句を獲得できている人であれば）誰もが迷わず共通の概念にたどり着くように，ひととおりにしか解釈できないように書かれているのです。それが数学の語句の重要な特徴です。

　もちろん，ひととおりの解釈しか存在しないような言語には，記述範囲に限界があります。たとえば，詩や絵画が到達しうる表現領域の大部分を数学言語は表現できません。しかし，一方で数学言語だからこそ獲得できた表現領域があるのです。それは，厳密に定義されることによって，いくらでも定義を重ねることが可能になったことに関係します。

　通常の言語では，ひとつひとつの語句の解釈には幅があります。たとえば，「赤い」という語句ひとつ取ってみても，どの色が「赤い」といえるか判断が分かれることでしょう。それでは，幾重にも語句を重ねて新しい概念を作ることはできません。たとえば，「深く寒い赤」という言葉を作っても，その確固たるイメージを共有することはできません。一方，数学では「線分ABを $m:n$ に内分する点P」と語句を重ねたとき，点Pの位置は確実に決まります。また，（論理を共有できる相手であれば）そのイメージを共有する

ことができます。情感やゆらぎは，自然な言語にとってはなくてはならない要素でしょう。けれども，それらをそぎ落とすことで，数学は「積み重ね可能」な人工言語を作り上げることに成功したのです。

では，積み重ねが可能になることには，どんな利点があるのでしょうか。

定義を積み重ねることで，複雑なことを短く表現することができるようになるのです。つまり，定義を積み重ねることによって，文章を効率化し，表現を加速させることができるのです。それは，自然言語である日本語で書かれた文章と比較するとよくわかります。

障子の内で御師匠さんが二絃琴を弾き出す。「宜い声でしょう」と三毛子は自慢する。「宜いようだが，吾輩にはよくわからん。全体何というものですか」「あれ？ あれは何とかってものよ。御師匠さんはあれが大好きなの。……御師匠さんはあれで六十二よ。随分丈夫だわね」六十二で生きているくらいだから丈夫といわねばなるまい。吾輩は「はあ」と返事をした。少し間が抜けたようだが別に名答も出てこなかったから仕方がない。「あれでも，もとは身分が大変好かったんだって。いつでもそう仰しゃるの」「へえ元は何だったんです」「何でも天璋院様の御祐筆の妹の御嫁に行った先きの御っかさんの甥の娘なんだって」「何ですって？」「あの天璋院様の御祐筆の妹の御嫁にいった……」「なるほど。少し待って下さい。天璋院様の妹の御祐筆の……」「あらそうじゃないの，天璋院様の御祐筆の妹の……」「よろしい分りました天璋院様のでしょう」「ええ」「御祐筆のでしょう」「そうよ」「御嫁に行った」「妹の御嫁に行ったですよ」「そうそう間違った。妹の御嫁に入った先きの」「御っかさんの甥の娘なんですとさ」「御っかさんの甥の娘なんですか」「ええ。分ったでしょう」「いいえ。何だか混雑して要領を得ないですよ。詰るところ天璋院様の何になるんですか」「あなたもよっぽど分らないのね。だから天璋院様の御祐筆の妹の御嫁に行った先きの御っかさんの甥の娘なんだって，先っきっから言ってるんじゃありませんか」「それはすっかり分っているんですがね」「それが分りさえすればいいでしょう」「ええ」と仕方

がないから降参をした。われわれは時とすると理詰の虚言(うそ)を吐かねばならぬ事がある。

(夏目漱石『吾輩は猫である』より)

　これは夏目漱石の『吾輩は猫である』の有名な一節です。「吾輩」は「三毛子」から彼女の飼い主である「御師匠さん」がどのような家の出か，ということを聞かされています。が，何度聞かされても，「吾輩」は「御師匠さん」と「天璋院様」の関係を理解することができません。「天璋院様の御祐筆の妹の御嫁に行った先きの御っかさんの甥の娘」という文章の中に出てくる，「祐筆」「妹」「嫁」「御っかさん」「甥」「娘」といった最小単位の関係はそれぞれみなシンプルなものです。ひとつひとつはシンプルであるにもかかわらず，このように組み合わされ長くなるうちに理解を超えてしまうわけです。

　『吾輩は猫である』と数学の記号にどんな関係があるのか，とまだ訝(いぶか)しく感じる読者には，こんな例はどうでしょう。

　　「そなたは，足し算ができるかな？」白の女王さまがたずねました。
　　「1たす1たす1たす1たす1たす1たす1たす1たす1たす1たすは，いくつになる？」
　　「わかりません。かぞえきれませんでした」と，アリス。

CHAPTER 1　　　　　　　　　定義とは何か

「この子は，足し算ができないんだな」と，赤の女王さまが口をはさみました。

　　　　　　　（ルイス=キャロル『鏡の国のアリス』より）

　当たり前のことですが，猫やアリスだけでなく，私たちも「ひとかたまりの関係」として理解できる分量に限界があります。説明が3ページ以上にもわたるような関係を理解できる人や10行に及ぶかけ算とたし算の式の答えがすぐにわかる人などめったにいません。

　けれども，数学においては，説明が数百ページにも及ぶような関係に言及する必要があります。あるいは，たし算とかけ算だけで表現しようと思ったら数百行にわたってしまう計算を書きあらわし，実際に計算しなければなりません（数列の和などはその典型的な例でしょう）。

　なにも好きこのんでそのようなことを数学者はしたいわけではありません。「現実」が数学にそれを要請するのです。それほどまでに現実は複雑なのです。そこで必要となったのが，**言語の加速器としての定義と記号**です。

　新しい用語を導入すれば，それまでに出てきた概念を短い言葉に圧縮することができます。それに記号を与えれば，式の中でも利用することができます。その圧縮を一度ではなく，繰り返すことで，本来ならば数百ページかけなくては説明できないような関係を，人間が理解可能な短い命題にまとめあ

げることができるのです。

　「ベクトルの内積」を例にそれを確かめてみることにしましょう。ベクトル $\vec{a}$ とベクトル $\vec{b}$ の内積とは，$\vec{a}$ と $\vec{b}$ のなす角を θ とすると，$|\vec{a}|\cdot|\vec{b}|\cdot\cos\theta$ で定義されます。この定義で「ベクトル」「ベクトルの長さ」「なす角」「余弦（$\cos\theta$）」の 4 つの要素全部がわからないと，この定義を理解することはできません。ベクトルとは，向きと大きさをもつ線分のことです。その長さは，ベクトルを座標表示したあとで，三平方の定理を利用して求めます。つまり，ベクトルに加えて，座標と根号を理解している必要があるのです。一方，余弦が何であったかを思い出すには，三角比の定義にさかのぼらなければいけません。内積の定義を理解するには，少なくとも 4 段階以上の概念を理解していなければならないことが下図からわかるでしょう。

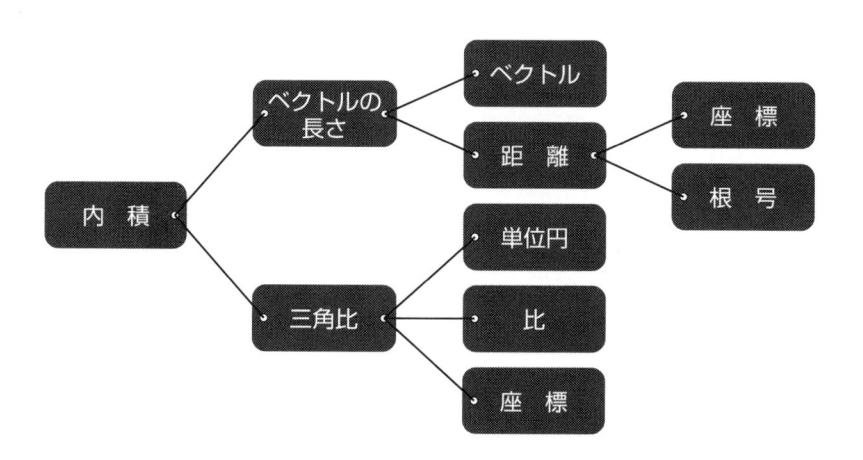

内積 ─┬─ ベクトルの長さ ─┬─ ベクトル
　　　│　　　　　　　　　└─ 距離 ─┬─ 座標
　　　│　　　　　　　　　　　　　　└─ 根号
　　　└─ 三角比 ─┬─ 単位円
　　　　　　　　　├─ 比
　　　　　　　　　└─ 座標

　途中で用語の定義や記号の導入をせずにベクトルの内積を記述しようとすると，たいへんなことになります。

　　「平面の上に，方向と長さのあるまっすぐな線が 2 本あったとする。それをずらして，同じ点からその 2 本の方向と長さのあるまっ

すぐな線が伸びているようにおいてみる。すると，その2本の線は重なりあうか，そうでなければある角度をもっていることだろう。そのうちの片方に着目する。この線の伸びた先端から，もう一方の線に向かって線を下ろし，交差するところがちょうど十字になるようにせよ。このとき，引かれた線によって，もう一方の線は分割されることだろう。このとき，その線のもともとの長さと，短く分割されたほうの線の長さをかけた値のことであるが……」[6]

ベクトルの内積に言及するたびにこのように説明をしていては，ベクトルについての定理にたどりつく前に本のページ数が尽きてしまうことでしょう。

一方で，数学語の圧縮技術こそが多くの人を数学から遠ざけているともいえるかもしれません。前ページの図の1か所，たとえば，比が何であったかが理解できなければ，三角比は理解できません。そうすると，たとえベクトルが理解できていたとしても，ベクトルの内積は理解できなくなってしまいます。そこが，数学に一度つまずくと取り戻すのがむずかしい，といわれる主原因です。病気や怪我でしばらく学校を休むと，数学の授業でやっていることが何がなんだかわからなくなる，というケースがよくあります。これも，その間に授業で扱った用語の定義が抜け落ちてしまっていることが原因だといえるでしょう。

ただし，そうなってしまってもあわてることはありません。わからない用語や記号が登場したら，その前のページをめくって，「〜を…といいます」と書かれている箇所を探しましょう。それが数学の辞書の使い方です。

6）この定義は，2つのベクトルのなす角が鋭角であるケースしか言及していない。すべてのケースをもれなく説明するには，この3倍程度の説明が必要なので割愛した。

> **例題 1.3.1** 以下の数学用語を論理的に短く説明せよ。
>
> 1．傾き・切片
> 2．四角形
> 3．平行
> 4．数列

1．「1次関数 $y=ax+b$ $(a\neq 0)$ の傾きを a，切片を b で定義する」というのがいちばんシンプルな定義でしょう。図形としてあらわしたいのであれば，「1次関数 $f(x)$ において，x が1単位増えたときの y の増分を，この関数の傾きという。また，$f(x)$ が y 軸と交わる点の y の値をこの関数の切片という」とすればよいでしょう。

2．「四角形とは，4つの角をもつ図形である」と定義すると，誤りです。下のような図形はみな4つの角をもっていますが，四角形ではないからです。

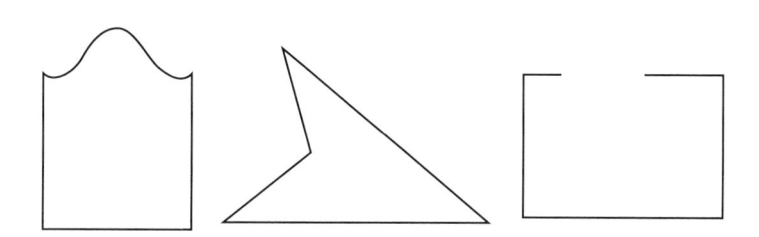

では，どう説明すればよいでしょうか。四角形とは，「4つの直線によって囲まれた図形」とすれば，上図のうち左右の2つの図形は除外されますが，中央の図形は四角形に含まれます。この先は，2つの立場に分かれることになります。ひとつは中央の図形も含めて四角形とよぶ立場でしょう。もうひとつの立場は，小学校で学ぶような「凹みのない図形」だけを考える立場です。その場合は，「凹みのない図形」をあらためて定義しなければなりません。「凹みがないこ

と」は「内部のどの 2 つの点を結んでも，その間の点はみなその図形の内部に含まれていること」だと定義するとよいでしょう。

3．ここでは，「平面上の 2 本の直線が平行であること」を定義することにします。「平面上の 2 直線が互いに交わらないとき」にこの 2 直線は平行である，といいます。では，この定義は空間内でも通用するでしょうか。空間内では，次の図のような位置に 2 直線があるとき，互いに交わることはありません。しかし，これは平行とはよびません。このように，用語の定義は，主語や条件によって変化することもあります。

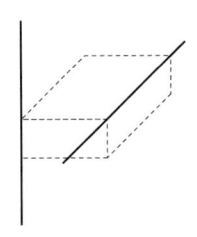

4．「数の列」というのは数列の正しい定義とはいえません。たとえば，0 以上 1 以下の区間 [0 , 1] には数が大小の順に並んでいます。その並びは数列とはよびません。数列は必ず，添え字が自然数でなければなりません。つまり，数列とは，自然数 $1, 2, 3, \cdots$ それぞれに対して，数 $a_1, a_2, a_3, \cdots$ が対応していることを指すのです。

1	2	3	4	5	⋯
a_1	a_2	a_3	a_4	a_5	⋯

つまり，自然数 n と値 a_n の（有限，または無限の）対応表を数列とよぶのです。注意が必要なのは，「自然数 n を値 a_n に対応させる行為」と「自然数 n を値 a_n に対応させた表」は異なるものだということです。人間が行う行為は時間の制約があるため，どうしても有限にとどまります。しかし，（無限）数列では，無限の対応を扱うのです。

数学と言葉

野崎昭弘

》数学者は言葉の魔術師

　誰が言ったのかは忘れてしまったが，「数学者は言葉の魔術師」というセリフがあって，私はけっこう気に入っている。

　既成の数学を勉強する段階では，過去の魔術師たちがこしらえた専門用語を学び，きっちり決められたそれぞれの定義を覚えるだけでもたいへんなことであった。その上，私は自分なりに意味をつけて解釈しようとするので，余計に時間を取られた。天才ガロアは数学の論文を，小説と同じ速さで読んだという伝説があるが，私がそういう体験をしたのは，慣れないフランス語で探偵小説を読んだときだけである。辞書を引きながら少しずつ読むのだから，気がついてみれば，小説を数学の論文と同じ速さで読んでいた！

　それでも自分で論文を書く立場になると，必要な言葉を自分で定義するのだから，ちょっぴり殿様気分である。ただし家来が何人いるかというと，世界中でゼロ人かもしれないのに，そこはあまり気にならないのは，トクな性分なのだろうか。

　新しい言葉を作るのは，新しい概念を表すためである。それはまた，新しい結果（定理）を記述するためであるが，古い言葉に新しい意味を無理やり詰め込んでも，ハンプティ・ダンプティのように「特別手当を支払う」こともないのだから，気楽なものである。

》数学者・作家・画家

　小説家や詩人など，数学者以外にも言葉で勝負する人々はいる。それらの方々を「作家」と呼ぶと，連続的に変化する色（アナログ）を自由に選べる画家と違って，数学者も作家も有限個しかない文字の列（デジタル！）から，どれかひとつを選ばなければならない。しかし「言葉を定義して使う」習慣がある数学と，そんなことをしたら誰も読んでくれない作家とでは，だいぶ立場が違うようである。ルイス・キャロルやジェイムズ・ジョイスなど，例外はいるとしてもきわめて少数であって，多くの作家は昔からある言葉をほぼ昔からの意味で使う。どの言葉もあらためて定義はしないのだから，実は言葉の効果がどのように読者に伝わるかは，正確には計算できないままに，言葉を使っているのではないだろうか。それでも，たぶん計算ではなくすぐれた感性によって，例は古すぎるかもしれないが石川啄木は，適切な言葉を選んで，多くの青年を感動させてきた。

　考えてみると両方の立場に，長所・短所があるように思う。数学者はこみいったことがらを正確に表現し，伝える技術を開発してきたが，学校教育では嫌われ者になりやすい。作家はきわめてだいじなできごと・感情・真実などなどを，わかりやすく読みやすく伝えることに成功してきたが，実は「何が正確に表現され，伝えられたか」には不明瞭なところが残る。そもそも正確な表現などできるわけがない事柄については，そのようなことは欠点のうちに入らないが，「正確に伝えたい！」という場面も社会生活の上で，そう珍しくない。しかし日本の学校教育では，アメリカの「テクニカルライティング」のような指導は，小学校から大学まで，いくつかの例外を除いて，ほとんど行われていないようである。

》定義の技術

「正確に伝える」ことが特に要求されるのは，学術論文を書くときである．その場面では，数学科に入ってよかった！　と思ったことがあった．

昔々，修士まで純粋数学を勉強してから，電電公社（今のNTT）の研究所に就職したときのことである．数学科を出た奴が来た，というので，先輩から数学的な問題についての質問をいろいろされるのであるが，ほとんどつねに先輩のほうが詳しい特殊関数や偏微分方程式がらみの専門的な問題で，トポロジーで修士論文を書いた私は「知らぬ存ぜぬ」で押し通す羽目になった．ところが共同で論文を書こう，などというときには，言葉を定義する段階で，数学科で鍛えられた私の技術が生きるのである．おそらく「教科書を読む」ことより，ゼミで先生の前で勉強してきたことを説明するとき，用語の定義を厳しく追及されたのがよかったように思う．

修士まで学んだ数学の知識が直接役に立ったことはほとんどないが，言葉を「正確・適切に定義する」訓練は，その後一人で論文を書くときにも，とても助けになった．

（サイバー大学IT総合学部教授）

CHAPTER 2
数学の文法

2.1 命題の対象

　数学的な主張や仮定などの文章のことを，**命題**（proposition）とよびます。主張ですから，その内容が正しいかどうかは問いません。文法にのっとって書かれていて，数学的に内容が厳密に定まる文であれば，真偽にかかわらず命題とよびます。もちろん，定義も命題です。

例題 2.1.1　次のうち，命題とよべるものはどれか。

1. $1, 2, 3, \cdots$ を自然数という。
2. 自然数とは $1, 2, 3$ のことである。
3. $1, 2, 3$ は自然数である。
4. 円周率は約 3.14 である。
5. 円周率を小数第 3 位で四捨五入すると，3.14 となる。
6. $x = 3$ である。
7. $x = 3$ とおく。
8. 父または母の姉を伯母という。

　第 3 と第 5 の文は文句なしに命題だといえるでしょう。
　では，第 1 の文はどうでしょう。第 1 の文は数学の教科書でよく見かける文ですね。けれども，細かいことをいうと，このような文は命題とはいえないのです。なぜなら，$1, 2, 3, \cdots$ の … の部分の内容が厳密には定まらないからです。
　第 4 の文はどうでしょう。「円周率は約 3.14 である」という文は，「円周率 ≒ 3.14」または「$\pi \fallingdotseq 3.14$」のように「式で」あらわすことができるから命題だ，と思った人も多いのではないでしょうか。ところが，これは命題で

はないのです。さらに「π≒3.14」は式ではないのです！ なぜかというと，「約」が意味する範囲が明確ではないからです。1.998は約2だ，と言えば，大方の人が「そうだ」と言うでしょう。では，1.8はどうでしょう。1.79は約2といえるでしょうか。だんだん怪しくなってきますね。このように yes, no のどちらか一方に決まらないような主張は，たとえその内容が数学的であっても命題とはよべないのです。

では，第2の文はどうでしょう。自然数には4や101なども含まれますから，この主張はまちがっていますね。けれども，数学的な内容は厳密に定まっています。ですから，第2の文は命題です。命題ではありますが，偽なる命題なのです。

次に，第8の文について考えてみることにしましょう。これは命題でしょうか。扱っている対象は数でも図形でもなく人ですね。けれども，AがBの姉かどうか，というのはAとBが同じ父または母をもち，AよりBのほうが先に誕生した者，として厳密に定まります。A, Bという2つの対象があったとき，その間に父，母，姉という関係があるかないかはひとつに定まるということです。そういう意味で，これを数学の命題から除外しなければならない理由があるとすると，「対象が数学らしくない」ということくらいしか見つかりません。けれども，何が数学らしいか，ということは個人の価値観の問題ですから，判定基準としてはふさわしくないでしょう。ですから，これも数学の命題です。実際，「親-子」という関係は数学，特に離散数学の中では基本的な関係で，ほかにも「祖先-子孫」「兄-弟」などの定義がしばしば数学の論文に登場します。

第6の文について検討しましょう。「$x=3$」という式はxが3のときは正しく，そうでないときには正しくない文です。だとすると，これは真偽がひとつに定まらない文でしょうか。数学で真偽が定まる，というのは，変数に値が入ったときに，文の真偽がひとつに定まる，ということを意味しています。xに入る値が決まりさえすれば，「$x=3$」の真偽はひとつに定まりますから，これもまた命題だということができるでしょう。

では，第7の文はどうでしょう。「$x=3$とおく」は数学的主張というよ

り，宣言に見えます。これが命題かどうかは，その使われ方を考えるとわかります。「$x=3$ とおく」という文のあとには，この文によって導かれる結果が続くことでしょう。たとえば，「このとき，$x+4=7$ である」のように。つまり，「…とおく」という文は，「…である，と仮定する」という意味なのです。よって，「$x=3$ とおく」も命題だと考えます。 ❖

命題のうち，数学的な手続きによって**証明**（prove, proof）されたものを特に**定理**（theorem）とよびます。まだ証明されていないけれども確からしい命題を「定理」とよぶこともありますが，本来，それらは「予想」とよばれるべきものです[1]。もう少し詳しくいうと，命題は必ず数学のある枠組みの中で主張されます。たとえば，三平方の定理はユークリッド幾何学の枠組みの中の命題ですし，フェルマーの定理は数論の枠組みの中の命題です。命題の証明とは，その命題が属している枠組みの中で許されている数学的手続きと，普遍的な論理だけを使って，その命題の正しさを示すことです。

当然のことながら，すべての命題が証明できる，というわけではありません。

例題 2.1.2 証明できないような図形の命題をあげよ。

「x は三角形である」は図形の命題ですが，三角形になるような図形を x に代入すれば正しいし，x に四角形となるような図形を代入すればまちがった命題になります。つまり，x に代入する値によって，この命題の真偽は変化するのです。このような命題は証明することはできません。

「三角形の 2 辺の長さの和は残る 1 辺の長さよりも短い」も図形の命題で

---

1) 数学業界では，証明付きの主張の中でもグレードが高いものだけを定理とよび，それ以外を命題とよんで区別することが多い。また，定理を証明するために必要な技術的な結果を補題，定理の結果，簡単に導かれる結果を系とよんで区別することもある。ただし，定理のグレードは量的・質的に明確な判断基準があるわけではないから，$2+3=5$ を数論の定理だと考えても一向にかまわない（しかも，フェルマーの定理以上によく使われる定理である）。

すが，まちがっている（偽なる）命題です。偽なる命題が証明されてしまっては困ります。

以上のことから，「自由な変数が含まれているため，真偽が定まらない命題」や「偽なる命題」は（枠組み自体がゆがんでいない限り）証明できないことがわかります。　　　　　　　　　　　　　　　　　　　　　　❖

さて，数学の教科書に登場する命題を詳しく見ていくと，命題には 1 や円周率 π のような定数以外にも，「$x=3$ とおく」にあらわれる変数 x のように**対象をあらわす語**が多く含まれていることに気づくでしょう。対象を示す語には，「7 の逆数」のように，7 からある手続きによって**合成**されたものも含まれます。

例題 2.1.3 次の命題の中にあらわれる語のうち，対象をあらわす語をカッコでくくれ。

1. n が m より小さいなら，$n+1$ は $m+1$ よりも小さい。
2. n が m に等しく，m と k が等しいなら，n と k も等しい。
3. 3 と 5 をたしたものは 18 と等しい。

1. 第 1 の文は 2 つの考え方があります。$n+1$ を「n の次の自然数」と考えるなら，対象は $n, m, n+1$ そして $m+1$ となります。一方，$n+1$ や $m+1$ を 1 と n や m から合成された対象と考えるなら 1 も対象になります。
   【答】(n) が (m) より小さいなら，$((n)+1)$ は $((m)+1)$ よりも小さい。あるいは，
   【答】(n) が (m) より小さいなら，$((n)+(1))$ は $((m)+(1))$ よりも小さい。
2. 第 2 の文も同じように考えましょう。すると，n, m, k がそれぞれ対象です。
   【答】(n) が (m) に等しく，(m) と (k) が等しいなら，(n) と (k)

も等しい。

3. 最後の文はどうでしょう。3 や 5 が対象であることはすぐにわかります。ですが、それだけでしょうか。「3 と 5 をたしたもの」もまた対象ではありませんか？ ここでは、3 と 5 から「3 と 5 をたしたもの」、つまり 3+5 を「たす」という操作によって合成しているのです。

【答】((3) と (5) をたしたもの) は (18) と等しい。　　❖

では、もう少し複雑な例に挑戦です。

例題 2.1.4 次の問題文にあらわれる語のうち、対象をあらわす語をカッコでくくれ。

1. n と m がどちらも偶数ならば、n と m の和も偶数である。
2. l を線とする。このとき、l の端は点である。
3. A, B を異なる点とする。このとき、A, B を結ぶ直線 l が存在する。
4. 父または母の姉を伯母という。

1. 最初の文では、「n と m の和」という対象が n と m から合成されています。合成されたものがまた対象になるためには、出発点となる対象が決まると、それによって新たに合成された対象もただひとつに決まることが必要です。そうすると、もとの対象とそれによって合成される対象の間に対応表ができるはずです。この対応表のことを、数学では**写像**（mapping）、あるいは広い意味で**関数**（function）とよびます。

関数というと、数から数を合成することに限定して考える読者もいることでしょう。けれども、数を特別視しなければならない理由はこれといってないのです[2]。どうしても区別しないと気持ちが悪い、

---

2) 強いて言うなら、関「数」というのだから数の話に限定したほうがわかりやすい、という理由だろうか。しかし、英語では関数は function（機能）なのだから、やはり数に限定しなければならない理由はない。

という読者は対象から対象を合成することを写像，その対象が数のときには特に関数とよんでもかまいません。ですが，なるべくなら対象の見かけにこだわって区別をしないほうがよいでしょう。見かけより本質のちがいで区別できるようになることも数学の重要なスキルです。では，偶数という語はどうでしょう。一見，これも対象のように思いますが，これは性質であり，対象ではありません。2や4のように具体的な偶数は，もちろん対象です。

【答】(n) と (m) がどちらも偶数ならば，$((n)$ と (m) の和$)$ も偶数である。

2．次の文に移りましょう。ここで，「l の端」（より正確にいえば，l の端である点）もやはり，対象 l に基づいて，新たに合成される対象です。ですから，l の端である点は，l から「端を指定する」という関数によって指定された対象だ，と考えることができるでしょう。一方，「点である」は l の端の性質をあらわしており，対象ではありません。

【答】(l) を線とする。このとき，$((l)$ の端$)$ は点である。

3．第3の文はどうでしょう。同じように、「A, B を結ぶ直線 l」も対象 A, B から「結ぶ」という関数によって、新たに直線 l を合成していると考えられますね。

【答】$(A), (B)$ を異なる点とする。このとき，$((A), (B)$ を結ぶ直線 $(l)$$)$ が存在する。

4．最後の文はどうでしょう。父，母，姉，伯母はいずれも対象のような気がします。けれども，父・母と，姉・伯母という2つのカテゴリーには重大なちがいがあるのです。人物 A にとって，父・母は一意に（ただひとつに）決まります。けれども，姉・伯母は特定の一人に決まらない場合があるでしょう。これは数学では，とても重要なちがいです。なぜでしょうか。人物 A から父・母という対象は関数によって合成できても、姉・伯母は合成できるとは限らないからです。ですから，「B が A の父の姉であるか，A の母の姉である場合，B は A の伯母という」という文だと考え，オリジナルな文には出てきませんが，A, B そして，父・母を対象と考えるのが数学的に

は自然だといえるでしょう。では，姉・伯母は何かというと，それは関係だと考えるのです。カッコでくくると，「(B) が ((A)の父) の姉であるか，((A) の母) の姉である場合，(B) は (A) の伯母という」ということになります。

【答】（父）または（母）の姉を伯母という。 ❖

　1次関数や2次関数については中学校で学びましたね。けれども，そのときには，1次や2次のあとにつく「関数」というのが何であるかについては，説明は受けていないはずです。「関数」という概念は抽象的なので，定義を説明する前に，いくつか具体例を示すほうがよいのではないか，ということでそのような順序になっています。そして，高校に入って，（一応の）関数の定義と記法を学びます。

> 2つの変数 x, y があって，x の値を定めるとそれに応じて y の値がただ1つだけ定まるとき，y は x の関数であるという。
> y が x の関数であることを
> $$y=f(x),\ \ y=g(x)$$
> などと表す。関数 $y=f(x)$ において，x の値 a に対応する y の値を $f(a)$ で表し，$f(a)$ を $x=a$ のときの関数 $f(x)$ の値という。
>
> （東京書籍『数学I』より）

　これが，高校の教科書に出てくる関数の定義です。この定義の中で，x は対象ですが，$f(x)$ もまた対象として扱われていることに注意してください。式 $y=f(x)$ は，対象 x から関数 f によって合成された対象 $f(x)$ と，対象 y の間に「等しい」という関係が成り立っている，ということをあらわす命題なのです。つまり，**数式も命題なのです**。

　変数 x に $f(x)$ を対応させるのと，人物 x に対して，その母を対応させるのは，対象の範囲が数か人間か，というちがいはありますが，そのやり

方，構造は同じです。定義のところでもいいましたが，数学では，対象が何かということよりも，その構造に着目します。構造に着目するなら，人物 x に対して，その母 $m(x)$ を対応させることもまた関数だと考えることができるでしょう。このとき，$y=m\bigl(m(x)\bigr)$ という式は「人物 y が x の母の母（つまり母方の祖母）である」という関係をあらわす命題だと考えることができるでしょう。

2.2 性質の表現

命題とは，数学的な主張や仮定が書かれた文章だ，と書きました。ですが，「双子素数について考えたい」という文は，数学的な主張ですが，命題とはよびません。では，どのような数学的主張を命題とよぶのでしょう。

（数学的に扱える）対象の性質，あるいは複数の対象の間の**関係**について述べた文を，**命題**とよびます。たとえば，「1＜3」は命題です。なぜなら，この式は，「対象1が対象3より小さい」という関係について述べている数学的主張だからです。

ですから，「数学の命題を読み解く」とは，そこに書かれている対象の関係（あるいは性質）を読み解く，ということにほかなりません。

例題 2.2.1 次の3つの命題にあらわれる対象をカッコでくくれ。可能であれば式として表現せよ。
1．10の2乗は100である。
2．10は偶数である。
3．10は自然数である。

第1の文の対象をカッコでくくるなら，次のようになるでしょう。

$$((10)\,の2乗)\,は\,(100)\,である。$$

10の2乗は，10から合成された対象ですね[3]。それが100と等しいというのがこの命題の主張です。「〜は…である」を等号の＝で表現すると，これを式に直すことができます。

---

[3] 10の2乗を，10と2から合成された対象，と考えてもよい。

$$10^2 = 100$$

では第2の文はどうでしょう。41ページでも述べたように，偶数は対象ではありません。「偶数である」というひとまとまりで性質をあらわしています。

(10) は偶数である。

このとき，同じ「である」が使われていても「10＝偶数」とあらわしては**いけません**。

　等号＝は（同じレベルの）対象どうしをつなぐときだけ許されている記号です。ですから，対象と概念をつなぐことはできませんし，概念と概念をつなぐこともできません。たとえば，「素数は無限に存在する」を「素数＝無限」などとあらわしては絶対にいけません。くれぐれも注意しましょう。

　では，第2の文はどう表現すればよいのでしょうか。こういうときには，ここにあらわれる語句，この場合は「偶数」という語句ですが，その定義を振り返ります。例題1.2.1によれば，偶数は「2で割り切れる」自然数です。ならば，「10は偶数である」という文の「偶数である」という部分は「2で割り切れる」に置き換えられるはずです。すると，もとの文は，「10は2で割り切れる」という文に変換されます。x が y で割り切れる，というのを $y|x$ で表現するなら，この文は $2|10$ という数式であらわすことができるでしょう。

　第2の文では「自然数である」ということは特に式の中にもりこみませんでした。ですが，「自然数である」ということも，やはり性質にちがいありません。それについては，第3の文であらためて考えてみることにしましょう。この文の対象が何かについては2つの考え方があります。ひとつは「自然数」を性質だと考えること。ユークリッドの『原論』はその立場ですね。もうひとつは，「自然数」は対象だと考えることです。どのような対象か，というと，1, 2, 3, … という数の集まり（集合）だ，と考えるのです[4]。

---

4) 大学以上では，0 も自然数に含めることもある。本書では 0 は自然数には含めない。

ここではまず後者の立場に立ってみることにしましょう。そして，自然数全体の集合に $\mathbb{N}$ という記号を与えてみます。すると，「10が自然数である」とは「10が $\mathbb{N}$ の構成員である（10が $\mathbb{N}$ に属している）」ことを意味します。x が Y に属していることを $x \in Y$ と記号であらわすなら，この文は $10 \in \mathbb{N}$ という数式であらわすことができるでしょう。　※

冒頭で，命題は，対象に関する性質または対象どうしの関係について述べている，と書きました。では，性質と関係はどうちがうのでしょう。関係とは，2つあるいはそれ以上の対象の間のつながりの特徴のことですね。一方，性質とはひとつの対象の特徴を意味します。だとすると，関係か性質かは，対象がひとつか2つ以上か，という部分だけがちがう，ということになります。

多くの言語で単数形と複数形をもつことからもわかるように，私たちの生活の中では，単数か，それとも複数か，ということには本質的な差があります。けれども，数学の中では，1も2も同じ自然数です。そこに本質的なちがいはありません。だとしたら，（例題2.1.4で関数も写像も本質的には同じだ，と考えたのと同様に）ひとつの対象の性質のことを**一項関係**とよんで関係とみなすほうが便利でしょう。極端な場合は，「矛盾する」という対象がひとつもあらわれない概念を **0項関係**とよんで，やはり関係として扱うことさえあります。

一項関係，つまり「性質」について，もう少し詳しく考えてみることにしましょう。

「x は実数である」という文も命題です。これは，x という対象の性質について述べています。このとき，x は「実数である」という性質を満たす対象全体の集まり（実数の集合）に属していることになります。実数全体の集合を $\mathbb{R}$ とおくとき，x が $\mathbb{R}$ に属していることを次のようにあらわします。

$$x \in \mathbb{R}$$

つまり，「x は実数である」という一項関係は，$x \in \mathbb{R}$ と**同値**だということになります。

$$x \text{ は実数である} \quad \longleftrightarrow \quad x \in \mathbb{R}$$

同様に，$p(x)$ が x という対象に関する性質をあらわす命題であり，p という性質を満たす対象 x 全体の集合を P とあらわすとき，次の関係が成り立ちます。

$$p(x) \quad \longleftrightarrow \quad x \in P$$

そして，P は次のようにあらわされます。

$$P = \{x \mid p(x)\}$$

集合に属している要素の性質によって，集合をあらわす記法のことを**内包的記法**とよびます。たとえば，内包的記法を使うと，非負の偶数全体の集合は次のようにあらわすことができるでしょう。

$$\text{非負の偶数全体の集合} = \{x \mid x \in \mathbb{N}\} \cap \{x \mid (2 \mid x)\}$$
$$= \{x \mid x \in \mathbb{N} \ \& \ 2 \mid x\}$$

例題2.2.1では，シンプルな関係を扱いましたが，数学ではもっと複雑な関係も扱います。一気に複雑な関係の分析はできませんから，少しずつレベルアップしていくことにしましょう。

例題 2.2.2 次の命題の対象と関係を抜き出し，何が仮定で何が結論かを分析せよ。

▶ $x=4$，$y=6$ のとき，方程式 $3x+2y=24$ と $x+y=10$ は同時に成り立つ。

数学の命題で「〜のとき，…である」という文が登場したなら，「〜」の部分が**前提**，そして，「…」の部分が**結論**です。よって，この命題では，「$x=4$，$y=6$」という部分が前提，そして，「方程式 $3x+2y=24$ と $x+y=10$ は同時に成り立つ」が結論です。これと同じ意味をもつ別の表現も覚えましょう。

▷ $x=4$，$y=6$ とする。

　このとき，方程式 $3x+2y=24$ と $x+y=10$ は同時に成り立つ。

では，対象をカッコでくくってみましょう。

$$(x)=(4),\ (y)=(6) \text{ のとき,}$$
方程式 $((3)(x)+(2)(y))=(24)$ と $((x)+(y))=(10)$ は同時に成り立つ。

❖

この文で登場する関係は，等号 $=$ です。

例題2.2.2の命題にあらわれる対象と関係以外の部分，「のとき，方程式，と，は，同時に，成り立つ」は，いったいどのような働きをしているのでしょう。

この文章をノートに残すとき，そのまま書き写すこともできますが，次のように略してノートにまとめる人も多いのではないでしょうか。

$$x=4,\ y=6 \quad \longrightarrow \quad 3x+2y=24 \land x+y=10$$

$\longrightarrow$ は「のとき」を，$\land$ は「と（かつ）」[5]を省略する記号として使ってみました。記号 $\longrightarrow$ より左の部分が前提で，右の部分が結論となっていることがよくわかりますね。この文はおおざっぱにいうと，「$A \longrightarrow B$」という構造をしているのです。

ところで，前提 $x=4$，$y=6$ に出てくる読点「，」にはどんな意味があるのでしょう。誤読されないように書き換えるなら，「$x=4$ かつ $y=6$」になるでしょう。「かつ」をふたたび記号 $\land$ に置き換えると，この文は次のよう

---

5) $\land$ は集合の共通部分をあらわす $\cap$ を尖らせた記号である。

に変換できますね。

$$(x=4 \land y=6) \longrightarrow (3x+2y=24 \land x+y=10)$$

このように純粋な数学の記号だけで表現した文を，この本では「数文」とよぶことにします。

ながめてみると，この文は「$x=4$, $y=6$, $3x+2y=24$, $x+y=10$」という最小単位の関係を，「$\land$, $\longrightarrow$」といった記号でつないで複雑な関係に作り上げていることがわかります。建物でいうなら，「$x=4$, $y=6$, $3x+2y=24$, $x+y=10$」はブロック，「$\land$, $\longrightarrow$」はセメントといったところでしょうか。

数学では，この「セメント」にあたる部分の言葉を**論理結合子** (connective) とよびます。つまり，数学語の接続詞ですね。先ほどの例では，「，」「のとき」「同時に」が論理結合子にあたります。それらをあらわした数学的記号をそれとは区別して，**論理記号** (logical symbol) とよぶことにしましょう。たとえば，$\longrightarrow$ は「ならば」という論理結合子をあらわす論理記号，$\land$ は「かつ」「そして」という論理結合子ををあらわす論理記号です。

では，どのようなものが論理結合子になるのか，調べてみることにしましょう。

2.3 数学の接続詞

　論理結合子でつなぐことで，命題は単純な関係からより複雑な関係について記述することが可能になります。ということは，命題の中に出てくる対象，対象から対象を合成する関数，それらの間の最小単位の関係以外の部分が論理結合子だと考えればよいでしょう。では，文の中のどこが論理結合子部分なのか，また，どんな種類の論理結合子があるのか，実際の文から抜き出してみることにしましょう。

例題 2.3.1　次の数学の文から，最小の関係を探し出し，どのような論理結合子でつながれているのか調べてみよう。対象をカッコでくくり，最小の関係を山型カッコでくくり，論理結合子に下線を引け。省略されている対象や関係，論理結合子があった場合には，言葉を補え。

1. 2に3をたしたものは5に等しい。
2. ABの長さとBCの長さが等しいので，△ABCは二等辺三角形である。
3. xが正のとき$x=2$であり，負のとき$x=-5$である。
4. a, bがともに非負で，しかもaよりbが大きいならば，aの2乗よりbの2乗のほうが大きい。

まずは第1の文にあらわれる対象をカッコでくくってみましょう。

$$((2)に(3)をたしたもの)は(5)に等しい。$$

ここで，「(2)に(3)をたしたもの」という言葉全体にカッコがついていることに注意しましょう。2に3をたす，という関数によって得られる結果が「もの」という言葉に込められていますね。その「もの」と「5」の間

には「等しい」という関係が成り立っている，というのがこの命題で表現したかったことです。ここには接続詞はひとつも登場しません。「～は…に等しい」というのが最小の関係です。よって，答えは次のようになります。

〈((2) に (3) をたしたもの) は (5) に等しい。〉

第2の文は，幾何学に関する命題ですね。この文は，カンマを境に2つの部分に分かれているようです。まずはこの文に登場する対象をカッコでくくってみましょう。

((AB) の長さ) と ((BC) の長さ) が等しいので，
(△ABC) は二等辺三角形である。

「((AB)の長さ)」と「((BC) の長さ)」も対象になることに注意しましょう。そして，その2つは（正の）実数になります。つまり，辺の長さ，というのは，辺（2点の組）に実数を対応させる関数になっているのです。文の後半には「(△ABC) は二等辺三角形である」と書いてあります。対象はひとつしか登場しません。この部分は，△ABC の性質，つまり一項関係について述べていますね。2つの関係をつないでいる「ので」という部分が論理結合子にあたります。ここの「ので」は「ならば」と同じ意味をもちますから，論理記号の⟶に相当します。

〈((AB)の長さ) と ((BC)の長さ) が等しい〉ので，
〈(△ABC) は二等辺三角形である。〉

第3の文はどうでしょう。この文には省略されている対象があることに気づきましたか。後半の「負のとき $x=-5$ である」の主語 x が省略されているのです。それを補ってから，対象にカッコをつけます。

(x) が正のとき $(x)=(2)$ であり，(x) が負のとき $(x)=(-5)$ である。

カンマの前の部分に注目しましょう。ここには2つの関係が登場します。ひとつめは「x が正」という一項関係であり，2つめは「$x=2$ である」と

いう二項関係です。その2つの関係の間にあらわれる「のとき」は「ならば」をあらわす論理結合子ですね。論理記号では⟶に相当します。ここまでわかれば，後半も読解できるはずです。

⟨(x) が正⟩のとき⟨$(x)=(2)$ であり⟩, ⟨(x) が負⟩のとき⟨$(x)=(-5)$ である。⟩

　前半と後半を結ぶカンマは論理結合子「かつ」をあらわしています。論理記号では ∧ に相当します。

　最後の文を分析しましょう。

　　　　$(a), (b)$ がともに非負で，しかも (a) より (b) が大きいならば，
　　　　（(a) の2乗）より（(b) の2乗）のほうが大きい。

「2乗する」ことによって，対象から新しい対象が合成されますね。よって，a だけでなく，a の2乗も対象になることに注意しましょう。この文の最初のカンマのところには2つの対象が登場しますが，「ともに非負」というのは両者の間の関係をあらわしているわけではありません。2つの別の性質をあらわしているのです。文を補うと次のようになります。

(a) が非負で，かつ (b) が非負で，しかも (a) より (b) が大きいならば，
　　　　（(a) の2乗）より（(b) の2乗）のほうが大きい。

　文の前半に3つの関係が登場し，それが論理結合子「かつ」で結ばれていることがわかります。より詳しく分析するなら，「(a) が非負」は「(a) が負でない」という意味です。「〜でない」は国語の分類では接続詞ではありませんが，数学では文の全体あるいは一部を否定する論理結合子として分類します。一方，後半に登場するのは「（(a) の2乗）より（(b) の2乗）のほうが大きい」という関係ですね。前半と後半は論理結合子「ならば」で結ばれています。よって，答えは次のようになります。

⟨(a) が負⟩でなく，かつ ⟨(b) が負⟩でなく，しかも ⟨(a) より (b) が大きい⟩
　　　ならば，⟨（(a) の2乗）より（(b) の2乗）のほうが大きい。⟩　　❈

否定をあらわす論理結合子「〜でない」を¬という論理記号であらわすことにしましょう。たとえば，「a が負ではない」を式であらわすと次のようになります。

$$¬(a<0)$$

数学の教科書では，$¬(a<0)$ という命題は，しばしば $a \not< 0$ と略記されます。他にも，$¬(x=y)$ は $x \neq y$，$¬(x \in A)$ は $x \notin A$ と略記することが許されています。

例題 2.3.2 例題2.3.1の 1, 3, 4 の命題を数文であらわせ。

第1の文は

⟨((2)に(3)をたしたもの)は(5)に等しい。⟩

です。これを数文であらわすと次のようになります。

$$2+3=5$$

第3の文は

⟨(x)が正⟩のとき⟨$(x)=(2)$であり⟩，⟨(x)が負⟩のとき⟨$(x)=(-5)$である。⟩

です。これを数文であらわすと次のようになります。

$$(x>0 \longrightarrow x=2) \land (x<0 \longrightarrow x=-5)$$

どの部分がひとまとまりになっているかを確認して，適切にカッコでくくることができたか，答えと照らし合わせてチェックしましょう。

第4の文は

⟨(a) が負⟩ でなく，かつ ⟨(b) が負⟩ でなく，しかも ⟨(a) より (b) が大きい⟩ ならば，⟨$((a)$ の 2 乗$)$ より $((b)$ の 2 乗$)$ のほうが大きい。⟩

です。これを数文であらわすと次のようになります。

$$(\neg(a<0) \land \neg(b<0) \land a<b) \longrightarrow a^2<b^2$$

$\longrightarrow$ の前はひとかたまりになっています。カッコでくくるのを忘れないようにしましょう。 ❖

以上の例では，「〜のとき」は「ならば」つまり $\longrightarrow$ で置き換えました。けれども，いつもそれが正しいとは限りません。「〜のとき」は，別の論理結合子を意味することもあるからです。次の例を見てください。

▶ n が 2 で割り切れるとき，n を偶数とよぶ。n が偶数のとき，$\mathrm{Even}(n)$ とあらわす。

これは，「偶数」という語句の定義文ですね。n が 2 で割り切れるときには，n を偶数とよぶ，とあります。では，n が 2 で割り切れないときにはどうしたらよいのでしょう。偶数とよんではいけないのでしょうか。それとも，禁止されていないので，偶数とよんでもかまわないのでしょうか。文意からすると，これは「n が 2 で割り切れるとき，またそのときに限って，n を偶数とよぶ」ということでしょう。つまり，$\mathrm{Even}(n)$ ということと，n が 2 で割り切れる，ということは同じ意味，**同値**ということです。これは「ならば」とはちがう論理結合子ですね。同値をあらわす論理記号として $\longleftrightarrow$ を採用することにしましょう。すると，この文章は次のように数文に翻訳できるでしょう。

$$\mathrm{Even}(n) \longleftrightarrow 2|n$$
（ただし，「$x|y$」は「y は x で割り切れる」をあらわすものとする）

ここまでの例は日本語で書かれた命題をそのまま分析すれば数文に直すことができるものでした。ですが，より詳しい分析が必要になる命題も少なくありません。

例題 2.3.3 次の文の対象・関係・論理結合子を見つけ出し，同じ意味の数文に直せ。

▶ 4 の平方根は $-2, 2$ です。

この問題で最も多い誤答は次のようなものです。

誤答 $\sqrt{4} = 2, -2$

中学生の答案でもしばしば見られますが，まずもって $\sqrt{4} = 2, -2$ は等式ではありません。等式の左辺・右辺にはそれぞれひとつの対象を書くことしか許されていないからです。では，どうすれば「4 の平方根は $-2, 2$ です」を表現できるでしょうか。

まずは，文中にあるカンマを解釈しましょう。ここまでカンマは「かつ」という論理結合子に翻訳されていましたね。ですが，ここに登場したカンマは「かつ」を意味しません。今まで登場しなかった，新しい論理結合子「または」を意味します。論理結合子「または」は論理記号 $\vee$ で表現されます[6]。

日本語や英語など自然言語で書かれた数学の文では，カンマは文脈によって「かつ」を意味したり「または」を意味したりするのです。どちらを意味するのか判断に迷ったら，カンマを「しかも」と「あるいは」に置き換えてみます。「しかも」に置き換えて意味が通るなら，そのカンマは「かつ」を意味します。「あるいは」に置き換えて意味が通るなら「または」を意味します。

問題に戻りましょう。では，次のように書けば正解でしょうか。

---

6) $\vee$ は和集合をあらわす $\cup$ を尖らせた記号である。

$$\boxed{?}\ \sqrt{4}=2\ \lor\ \sqrt{4}=-2$$

ここまで書けば，何がまちがっているか気づいた読者も多いでしょう。$\sqrt{4}$ は「2乗すると4になるような正の実数」のことですから，$\sqrt{4}=-2$ になることなどありえません。

平方根をあらわすのに $\sqrt{\ }$ を使えないとすると，どうすればよいでしょう。それには，「平方根とは何か」ということを確認する必要があるのです。4の平方根とは何でしょう。それは，2乗してちょうど4になるような実数のことです。だとすると，問題文は次の文と同値になるはずです。

▷ x を2乗すると4に等しくなるなら，x は2に等しいか x は -2 と等しい。

ここではじめて，対象や関係，論理結合子を分析することができます。

⟨((x)を2乗)すると(4)に等しくなる⟩ <u>なら</u>，
⟨(x)は(2)に等しい⟩ <u>か</u> ⟨(x)は(-2)と等しい。⟩

これでようやく数訳の準備が整いました。

正解 $x^2=4\ \longrightarrow\ (x=2\ \lor\ x=-2)$ ❖

さて，これまでに論理結合子として，「かつ」∧，「ならば」⟶，「～でない」¬，「同値」⟷，「または」∨ という5種類が登場しました。これ以外に，数学で大きな役割を果たす論理結合子がもう2種類あります。それは，「～が存在する」と，「すべての～について…が成り立つ」という言い回しです。どちらも日本語では接続詞ではありませんが，シンプルな文を組み合わせて複雑な文にするための接着剤の役割を果たしますから，やはり数学では論理結合子とよばれるのです。

たとえば，

▶ 自然数 m, n が存在して，$\sqrt{2}=\dfrac{m}{n}$ とあらわすことができる。

という文，英語であらわすと，

▷ There exists natural numbers m and n such that $\sqrt{2}=\dfrac{m}{n}$.

という文について考えてみましょう。これは，「$\sqrt{2}=\dfrac{m}{n}$」という性質を満たすような**変数** m, n が存在する，ということを述べた命題です。このように「〜という性質を満たすような x が存在する」という文を，数学語では次のようにあらわします[7]。

$$\exists x (\text{〜という性質})$$

「自然数 m, n が存在して，$\sqrt{2}=\dfrac{m}{n}$ とあらわすことができる」という文は，

$$\exists m \left(\exists n \left(\sqrt{2}=\dfrac{m}{n} \right) \right)$$

とあらわすことができるでしょう[8]。

▶ どんな自然数 m も 1 以上である。

という文，英語であらわすと，

▷ For all natural numbers m, $1 \leq m$.

という文では，変数 m がどのような値であっても「$1 \leq m$」という性質を満たす，ということを主張しています。このように「x がどのような値であっても，〜という性質を満たす」という文を，数学では次のようにあらわします[9]。

---

7) 存在することをあらわす論理記号 ∃ は，存在する（Exist）の E をひっくり返した形である。
8) 変数を自然数からとっていることを明確にしたい場合には，$\exists m \in \mathbf{N} \left(\exists n \in \mathbf{N} \left(\sqrt{2}=\dfrac{m}{n} \right) \right)$ と書く。
9) すべて，をあらわす論理記号 ∀ は，すべての（for All）の A をひっくり返した形である。

$$\forall x (\sim という性質)$$

「どんな自然数 m も 1 以上である」という文は

$$\forall m \, (1 \leq m)$$

とあらわすことができるでしょう[10]。$\exists$ と $\forall$ は他の論理記号とは異なり，変数をもちます。そこで $\exists$ と $\forall$ だけ区別して**量化子**（quantifier）とよぶことがあります。

これまでに登場した論理結合子と論理記号をひととおり整理したのが次の表です。

【論理結合子の一覧】

論理記号	英語	日本語
¬	not	でない／以外／除いて／非
∧	and	かつ／さらに／と／, (カンマ)／で
∨	or	または／あるいは／か／, (カンマ)／や
→	implies, then	ならば／のとき／と／とすると／だったら
↔	if and only if equivalent	ならば／のとき／同値／つまり／言い換えると
$\exists x$	there exists x such that ...	ある／存在する
$\forall x$	for all x ...	すべての／どんな／必ず／いつも／任意の

数学文を分析すると，本質的にはこの 7 つの論理記号さえあれば，どんな論理結合子も表現できる，ということがわかります[11]。

---

10) 変数の範囲が自然数であることを明確にしたい場合には，$\forall m \in \mathbb{N}\,(1 \leq m)$ と書く。

数学書を読み解く，ということは，数学書に書かれた数学語まじりの日本語の中から，対象とそれらの間の関係を把握し，どのように論理的に結合しているかを読み解くことを意味します。また，数学の問題を解く，とは，日本語で書かれた問題文を数文に正しく訳し，その上で知っている数学技法を使って処理することを意味します。

和文を数文に正しく翻訳できるかどうかが，数学書を読み解く上でも，問題を解く上でも最も重要なカギとなるのです。

以上，命題について学んだことをまとめておきましょう。

---

1. 命題とは，0個以上の対象間の関係について述べた数学的主張である。
2. 簡単な関係を論理結合子で接続することで複雑な関係を作り出すことができる。
3. 数学で用いられる基本的な論理結合子は，

    「〜でない」 $\neg$

    「ならば」 $\rightarrow$

    「かつ」 $\wedge$

    「または」 $\vee$

    「同値」 $\leftrightarrow$

    「〜を満たす x が存在する」 $\exists x$

    「すべての x について」 $\forall x$

    の7種類である。
4. 他の論理結合子は，上記の7種類をうまく組み合わせれば表現できる。

---

11) たとえば，「A でも B でもない」にあらわれる「〜でも…でもない」という論理結合子は上記の7種類では直接あらわすことはできない。が，「A でもなく，かつ B でもない」と言い換えれば，$\neg$ と $\wedge$ を組み合わせて表現することができる。詳しくは 3.3.3 で。

CHAPTER 3
和文数訳

3.1 数訳のコツ

ここまでは，数学の命題を構成する主要な要素である対象・関係・論理結合子について学びました。命題からうまく対象と関係，そして論理結合子を抽出し，記号に置き換えると，日本語で書かれた数学の命題を，数学の記号だけからなる数文に変換できることを知りました。和文を数訳するための基本的準備が整ったわけです。

ただし，それだけでは十分ではありません。和文を数訳するには，和文を英訳するのと同じような困難が待ち構えているのです。

例題 3.1.1 次の和文を英訳せよ。

▶ **カリフォルニアではしばしば雨が降ると聞く。**

この和文を文節ごとに区切ってみます。

▷ カリフォルニアでは／しばしば／雨が／降ると／聞く／。

それぞれを和英辞典で調べて置き換えると次のようになります。

▷ California in / often / rain / fall / hear /.

英語を習いはじめの中学生はこんなふうに英訳して失敗しますね。日本語と英語の構造は異なるので，訳した言葉を日本語の語順で並べても，正しい英文にはなりません。文の構造を考えた上で英訳しなければならないからです。

この文の主たる部分はどこでしょう。「雨が降る」でしょうか。ちがいま

す。「聞く」が主たる部分です。しかもそれは，主語である「私」が省略されている文です。これがこの文の骨格を形作ります。訳すと次のようになります。

▷ I hear.

「聞く」の目的語は「カリフォルニアではしばしば雨が降る」という文です。その主たる部分は「雨が降る」です。訳すと次のようになります。

▷ It rains.

それ以外の「カリフォルニアでは」や「しばしば」は「雨が降る」という主たる部分を修飾しているに過ぎません。修飾してみましょう。

▷ It often rains in California.

この文全体を "that" で受け，「私は聞く」の目的語として付け加えると，正しい英文となります。

▷ I hear that it often rains in California.

例題3.1.1で復習したように，和文を英文に訳すとき，一語一語の英訳以上に大切なのが，文の構造を理解することです。和文を数訳する場合も同じことがいえます。

例題 3.1.2 次の文を数訳せよ。

▶ n, m の片方が偶数，他方が奇数のとき，$n+m$ は奇数になる。

$\left(\begin{array}{l}\text{ただし，「}x\text{が}y\text{を割り切る」を表現す}\\\text{る二項関係を }x|y\text{ で表現することとする}\end{array}\right)$

例題3.1.1と同じように，まずは，この文の構造を考えます。すると，この文は

$$\sim のとき，\cdots になる$$

という形をしていることがわかります。論理記号であらわすなら，$\longrightarrow$ ですね。

$$A \longrightarrow B$$

前提となる A の部分は「n, m の片方が偶数，他方が奇数」です。結論の B の部分は「$n+m$ は奇数になる」です。

まずは簡単な B のほうから分析することにしましょう。B にあたる部分は「$n+m$ は奇数になる」でしたね。これと同値の文は「$n+m$ は 2 で割り切れない」です。つまり，B は

$$\sim でない$$

という形をしていることがわかります。「～でない」を意味する論理記号は $\neg$ です。「$n+m$ は 2 で割り切れる」は二項関係 $2|(n+m)$ であらわすことができますから，B を数訳すると

$$\neg (2|(n+m))$$

となるでしょう。

次に前提となる A の部分を分析します。A にあたる部分は「n, m の片方が偶数，他方が奇数」です。同値の文に置き換えると，「n が偶数で m が奇数，あるいは m が偶数で n が奇数」となります。よって，この部分が

$$\sim, あるいは\cdots$$

という形をしていることがわかります。論理記号であらわすなら，$\vee$ ですね。

$$C \lor D$$

C にあたる部分は「n が偶数で m が奇数」です。また，D にあたる部分は「m が偶数で n が奇数」です。どちらも

$$\sim かつ\cdots$$

という形をしています。論理記号であらわすなら，$\land$ です。「n が偶数である」とは「n が 2 で割り切れる」ことを意味し，「m が奇数である」とは「m は 2 で割り切れない」ことを意味しますから，C と D は順に次のように数訳できるはずです。

$$2|n \land \neg(2|m)$$
$$\neg(2|n) \land 2|m$$

これで部品がわかりましたから，文の構造に従って仮定である A を組み上げましょう。

$$(2|n \land \neg(2|m)) \lor (\neg(2|n) \land 2|m)$$

これが前提である「n が偶数で m が奇数，あるいは m が偶数で n が奇数」の数訳です。

いよいよ，全体を数訳する準備が整いました。前提と結論を「ならば」$\longrightarrow$ でつなぎましょう。

$$((2|n \land \neg(2|m)) \lor (\neg(2|n) \land 2|m)) \longrightarrow \neg(2|(n+m)) \quad \diamond$$

例題3.1.2で得られた上の数文をよく見てください。

最小の関係から出発し，論理記号で組み合わせ，それをカッコでまとめて新たなパーツとし，それをまた論理記号で組み上げているのがわかりますね。いちばん最後に用いた論理記号，この場合は $\longrightarrow$ ですが，これを**いちばん外側の論理記号**とよびます。これが，数文を成り立たせている，いわば

「かすがい」の役割を果たしているわけです。

例題 3.1.3 次の文を数訳せよ。

▶ どんな x についても，6で割り切れるなら，2でも3でも割り切れる。

この文はどのような構造をしているでしょうか。いちばん外側の論理記号は次のうちどちらでしょう。

① 「〜ならば，…」という形。よって，いちばん外側の論理記号は $\longrightarrow$ である。
② 「どんな〜についても，…」という形。よって，いちばん外側の論理記号は $\forall$ である。

仮に，この文が「〜ならば，…」という形をしているならば，前提は「どんな x についても，6で割り切れる」となるでしょう。では結論は何でしょうか。「2でも3でも割り切れる」でしょうか。ところが，この結論には主語が見当たりません。省略された主語は x のはずですね。ということは，「どんな x についても」という論理結合子は「6で割り切れる」だけではなく，そのあとの文全体にかかっていることがわかります。正解は②だということになります。

よって，この文は

$$\forall x \, (P(x))$$

という形をしている，ということがわかりました。ここで，$P(x)$ と書いたのは，x という変数があらわれるような命題という意味です。$P(x)$ にあたる部分は「6で割り切れるなら，2でも3でも割り切れる」です。主語である x が省略されているので，補います。すると，「x が6で割り切れるな

ら，x は 2 でも 3 でも割り切れる」となります．この文は

$$\sim ならば，\cdots$$

という形をしています．論理記号であらわすなら $\longrightarrow$ です．

$$A(x) \longrightarrow B(x)$$

前提である $A(x)$ にあたる部分は「x が 6 で割り切れる」です．数文であらわすと

$$6 \mid x$$

となります．結論である $B(x)$ にあたる部分は「x は 2 でも 3 でも割り切れる」です．言い換えると「x は 2 で割り切れ，かつ x は 3 で割り切れる」となります．ここには $\wedge$ という論理記号があらわれていますね．数文であらわすと

$$2 \mid x \wedge 3 \mid x$$

となります．これで，部品が揃いました．手順どおり組み上げましょう．

$$\forall x \bigl(6 \mid x \longrightarrow (2 \mid x \wedge 3 \mid x) \bigr)$$

正しく組み上げられましたか．これが問題文の正しい数訳となります．　❈

例題 3.1.4　次の文を数訳せよ．

▶ どんな n に対しても，それより大きな m が存在する．

この文はどのような構造をしているでしょうか．いちばん外側の論理記号は次のうちどちらでしょう．

① 「…という m が存在する」という形．よって，いちばん外側の論理記号

は $\exists m$ である。
② 「どんな n についても，…」という形。よって，いちばん外側の論理記号は $\forall n$ である。

　私たちは，問題文の命題が（自然数や実数において）正しいことを知っています。なぜなら，どんな n に対しても $m=n+1$ とおけば，$n<m$ が成り立つからです。ここで，m の定義の仕方に着目しましょう。m の定義の中に n があらわれています。つまり，m は n のとり方に左右されるということです。このとき，命題の中では，n について言及する量化子（$\forall$）のほうが，m に関する量化子（$\exists$）より外側にあらわれます。よって，いちばん外側の論理記号は $\forall n$，正解は②です。
　最小の関係は「n より m のほうが大きい」つまり $n<m$ であることはすぐにわかりますね。よって，正しい数訳は次のようになります。

$$\forall n(\exists m(n<m))$$

　ところで，これによく似た数文 $\exists m(\forall n(n\leqq m))$ はどのように和訳されるのでしょうか。これは，まず n に先立って，絶対的な m があり，どんな n を選んでも必ず $n\leqq m$ が成り立つことを意味しています。直訳すると「ある m があって，どのような n に対しても $n\leqq m$ が成り立つ」となります。ですが，これでは先の問題文である $\forall n(\exists m(n\leqq m))$ とのちがいははっきりしませんね。このようなときには思い切って「最大値が存在する」と意訳するとよいでしょう。

　日本語を数学語に訳すのは，想像以上にむずかしかったことでしょう。数訳の何がいちばんむずかしいか，というと，それはありとあらゆることを明確にしなければいけない，ということです。何を主張しようとしているかが自分の中で明確にならない限り，数文にはならないのです。これはどんな言語を話す人々にとってもむずかしいことでしょうが，日本語を話す私たちに

とっては特に非日常的な経験になります。

　安土桃山時代に日本に滞在した宣教師のルイス=フロイスは日本語をヨーロッパ言語と比較して次のように指摘しています。

> ヨーロッパでは言葉の明瞭であることを求め，曖昧な言葉を避ける。日本では曖昧な言葉が一番優れた言葉で，もっとも重んぜられている。
> 　　　　　　　　　（ルイス=フロイス『ヨーロッパ文化と日本文化』より）

　数千年にわたって曖昧であることをよしとしてきた和文を，何もかもを明確にしなければならない数文に翻訳するのですから，意識の大転換が求められるわけです。曖昧から明確へと意識の転換を迫ってくるその非日常性こそが，数学が嫌われるいちばんの理由かもしれませんね。数文に訳す試みをするたびに，いかに，曖昧に物事をとらえていたかを，私たちは思い知らされることになるからです。

　もうひとつ，日本人には数訳をする上で大きなハンデがあります。それは，数学語がインド・ヨーロッパ語を基本として構築されている，ということです。1+2=3といった簡単な数式ひとつにしても，その差は歴然です。英語ならば，"One plus two is equal to three"をそのままの語順で訳せば「1+2=3」になります。一方，日本語の「1に2を合わせると3になる」をそのまま訳すと「1　2＋3＝」となってしまいます。日本語では，関係をあらわす語や否定が最後尾にきたり，論理結合子と対象がひとつの語句に混ざり合っていたりして，論理的に分析しにくい構造をしています。ですから，日本語を数学語に訳すのは二重の意味でたいへんなのです。たとえば，例題3.1.4の量化子の順序についても，英語で考えれば比較的簡単に数訳ができます。問題文である

　　　　どんな n に対しても，それより大きな m が存在する。

は英訳すると，次のようになります。

　　　　For any n, there exists m such that $n<m$.

この語順のとおりに翻訳すると，求める数文となります。

$$\forall n\,(\exists m\,(n<m))$$

同様に，問題文との比較で先ほど（p.68）とりあげた

　　　ある m が存在し，どんな n に対しても $n\leqq m$ が成り立つ。

という文を英訳すると，次のようになります。

　　　There exists m such that for any n, $\boxed{n\leqq m}$.

やはり，語順どおりに訳せば，求める数文になるのです。

$$\exists m\,(\forall n\,(n\leqq m))$$

　冒頭にも書いたように，和文数訳は日常の中で自然に身につくタイプの技術ではありません。スポーツや漢字の習得と同じように，練習して数をこなす以外にはないのです。ただ，漢字を覚えるにもコツがあったように和文数訳にもコツがあります。それは，文の構造や論理結合子の意味を意識しながら，合理的に翻訳することです。そうすれば，必ずあなたは自由自在に命題を数文に翻訳できるようになるでしょう。そして，そのとき，あなたは単に和文数訳の技術が身についただけでなく，自分の頭の中がそれ以前に比べて，ずっと整理されていること，自分の考えがシャープになっていることに気づくにちがいありません。

　日本語を数学語に正しく翻訳する技術をなるべく効率よく身につけるには，以下のことに気をつけるとよいでしょう。

- ◎ 翻訳しようと思っている和文の中から，対象を抜き出す。
- ◎ 対象は曖昧な形で文に埋め込まれている場合がある。たとえば「〜のような数」の「数」のように。そのような場合には，言及されている対象は変数で置き換えることができることが多い。変数 x で置き換えることができないか，入れて試してみる。
- ◎ 対象の間の関係を見つけ出す。最も使われる関係は以下の3種類。それは，「等しい」$=$，「大小」$<$，「属する」$\in$ である。
- ◎ 関係をつないでいる論理結合子を見つけ出す。数学語の論理結合子は基本的に7種類。それは，「否定」$\neg$，「かつ」$\wedge$，「または」$\vee$，「ならば」$\rightarrow$，「同値」$\leftrightarrow$，「すべての」$\forall$，「存在する」$\exists$。
7種類のどれに当てはまるかを考える。
- ◎ 和文を数文に訳した後，確認作業をする。それには，できあがった数文を逆に和文に訳してみるとよい。もとの文と意味が同じであれば，正しい数訳だといえる。

3.2 論理結合子の解釈

　和文数訳を本格的に開始する前に，まずは片づけてしまわなければいけないことがあります。それは，2.3節で導入した論理結合子の意味を確定することです。

　それまで実用の学だった数学が，古代ギリシャにおいて，定義と論理のみに基づいて再構築されたことは，これまでに述べてきたとおりです。公理や定義から出発して，数学の定理を発見するための推進力となる論理は，実は各論理結合子に宿っているのです。

　たとえば，「有理数でない数が存在する」という定理を証明することを考えてみてください。この文には「でない（否定）」と「存在する（存在）」という2つの論理結合子が登場します。この文を証明するには，「存在する」ことを示さなければいけません。何が存在することを示さないといけないか，というと，「（有理数）ではない」数が存在することを示さないといけない。

　そんなの当たり前ではないか，とみなさんは思ったことでしょう。けれども証明のひとつひとつのステップは「馬鹿馬鹿しいくらい当たり前」でなければならないのです。文化や思想や時代，個々人の性格や能力を超えた共通認識に対しては，私たちは必ずや「馬鹿馬鹿しいくらい当たり前」と感じるはずだからです。**驚いて感動するようなものは共通認識にはなりえません。**

　数文にあらわれる論理結合子と，その証明方法は対になっています。つまり，**文に含まれる論理結合子は，私たちに「どう証明すればよいか」を伝えてくれる**のです。極論すると，和文を正しく数文に翻訳しさえすれば，そこには「どのような手順で証明すればよいか」が書かれているはずなのです。それに従って素直に証明をする，ということが，まずは身につけたい数学の技術だといえるでしょう。

3.2.1　場合に分ける：「または」

　論理的に考えることの最初のハードルは論理結合子「または」を使いこなすことです。なぜなら，「または」は「場合に分ける」ことを意味するからです。複雑な状況に直面したときに，それを複雑なまま考えると混乱しますね。そんなとき，適切に**場合分け**して順序よく考えることで解決に至ることが多々あります。数学でも，場合分けがうまくできるかどうかが，大きなカギになるのです。

　けれども，自然な会話の中の「または」や「か」の使い方にはゆらぎがあります。「食後にはコーヒーか紅茶がつきます」とウェイトレスに言われたとき，「では，両方お願いします」と頼む人はいませんね。けれども，「砂糖かミルクはいかがですか？」と尋ねられたとき，「両方お願いします」と言っても変な顔はされないでしょう。前者は，併存を許さない「または」を意味し，後者は併存を許す「または」を意味するためです。このように，自然な言葉の中の「または（or）」は場面に応じて異なる意味をもちます。

　ですが，数学の中では論理結合子の意味をひとつに確定する必要があります。数学では，$\vee$ は併存を許す「または」だと解釈することにします。つまり，「△ABC は二等辺三角形か直角三角形である」という命題は，△ABC が直角二等辺三角形の場合を排除しません。

例題 3.2.1　「x は 1 から 5 までの自然数である」を（集合の記号 { } を使わずに）数文にせよ。

　「x は 1 から 5 までの自然数である」とは，「x は 1 か 2 か 3 か 4 か 5 である」ということです。よって，数文に直すと次のようになります。
【答】$x=1 \vee x=2 \vee x=3 \vee x=4 \vee x=5$　　　　　　　　　❖

例題 3.2.2　「$x=2$ と $x=-3$ は，$x^3+x^2-6x=0$ の解である」を数文にせよ。

まず「$x^3+x^2-6x=0$ の解」の部分を読解しましょう。これは，「$x^3+x^2-6x=0$ となる x」のことですね。つまり，「$x=2$ と $x=-3$ のとき，$x^3+x^2-6x=0$ を満たす」ということです。おおざっぱに数訳すると次のようになります。

$$(x=2 \text{ と } x=-3) \longrightarrow x^3+x^2-6x=0$$

残る問題は，「$x=2$ と $x=-3$」という部分にあらわれる「と」を適切に訳すことです。

「と」という日本語は「かつ」を意味しそうな気がするかもしれません。けれども，この文を $(x=2 \wedge x=-3) \longrightarrow x^3+x^2-6x=0$ と訳してはまちがいです。だいいち，「$x=2$ かつ $x=-3$」という条件を満たす x など存在しません。まぎらわしいのですが，ここにあらわれる「と」は，「または」をあらわしているのです。よって，正しい数訳は次のようになります。

【答】$(x=2 \vee x=-3) \longrightarrow x^3+x^2-6x=0$ ❖

例題 3.2.3 「$x=2$ と $x=-3$ が，$x^2+x-6=0$ の解である」を数文にせよ。

この問題も，例題3.2.2と同じように

$$(x=2 \vee x=-3) \longrightarrow x^2+x-6=0$$

と訳せばよいような気がします。一方で，この問題文を「$x^2+x-6=0$ の解は 2 と -3 以外にはない」と解釈することもできるでしょう。後者の解釈を採用する場合には，問題文は

$$(x=2 \vee x=-3) \longleftrightarrow x^2+x-6=0$$

と訳されなければなりません。これが日本語の曖昧さが引き起こす問題の典型的な例です。

例題 3.2.4　「$x<y$, $x=y$, $x>y$ のどれかひとつだけが必ず成り立つ」を数文にせよ。

問題文が「$x<y$, $x=y$, $x>y$ のどれかが必ず成り立つ」ならば，簡単に数訳できますね。「どれかが」は「または」をあらわす言葉ですから，次のようになります。
$$x<y \lor x=y \lor x>y$$
ですが，これでは問題文を正確に数訳したことにはなりません。「ひとつだけが」という言葉を翻訳し忘れているからです。「ひとつだけが」ということは，同時に2つが成り立つことは**ない**，ということを意味します。「ない」は否定を意味する論理結合子です。

【答】 $(x<y \lor x=y \lor x>y) \land \lnot(x<y \land x=y)$
$\land \lnot(x=y \land x>y) \land \lnot(x<y \land x>y)$

こうすれば，問題文を正確に数訳できたことになります。

あるいは，
$(x<y \land \lnot(x=y) \land \lnot(x>y)) \lor (\lnot(x<y) \land x=y \land \lnot(x>y)) \lor (\lnot(x<y) \land \lnot(x=y) \land (x>y))$ と表現することもできるでしょう。和文英訳の正解がひとつに定まらないように，和文数訳の正解もひとつには定まりません[1]。　　　　　　　　　　　　　　❖

　この節の冒頭で，「論理結合子は，どう証明すればよいかを伝えてくれる」と述べました。では，「または」の論理結合子は，どのような証明方法を私たちに伝えてくれるのでしょう。

　「$x=2$ と $x=-3$ のとき，$x^3+x^2-6x=0$ である」という命題を例にとって，そのことについて考えてみましょう。この命題は，$(x=2 \lor x=-3) \longrightarrow x^3+x^2-6x=0$ という数文であらわすことができました（例題3.2.2）。これを証明するには，次の2つのことを証明すればよいはずです。

---

1) 実は正解は無限にたくさんあることが知られている。

1. $x=2$ のとき，$x^3+x^2-6x=0$ である。
2. $x=-3$ のとき，$x^3+x^2-6x=0$ である。

このように，「ならば」 $\longrightarrow$ の前，つまり前提条件の中に出現する「または」 $\vee$ は**場合分けをして証明をする**ように誘導してくれるのです。

「または」に関することで，2つ忘れてはいけないことがあります。ひとつめはどんな命題 A についても，A かその否定である $\neg A$ のどちらかが必ず成り立っている，ということです。

日常会話では「この料理はおいしいともおいしくないとも言いがたい」などという表現がしばしば出てきますが，数学においては，「A である」か「$\neg A$ である」かのどちらか一方が必ず成り立ち，「A と $\neg A$ の中間」ということはありません。この性質を**排中律**といいます。

当たり前すぎて見過ごしがちな性質ですが，排中律は論理を支える非常に重要な性質です。直観では到達しえない数学的結論に達するには，しばしば排中律が威力を発揮します。

もうひとつは「矛盾または A」という命題の意味です。日本語で書くと意味不明ですが，「$1=0$ または $x=3$」という例で考えてみましょう。$1=0$ は成り立ちませんから，これは $x=3$ にほかなりません。つまり「矛盾または A」は「A」に一致するのです。

「こんなよくわからない法則，いったいどこで使うのだろう」と思ったことでしょう。実は，数学のあちらこちらでこの法則は使われているのです。

例題 3.2.5 $x^2-3x-4<0$ を満たすような x の範囲を求めよ。

まずは教科書どおりに，$x^2-3x-4<0$ を因数分解してみましょう。
$$x^2-3x-4<0$$
$$(x+1)(x-4)<0$$

さて、ここからが本題です。多くの高校生はこの式を見たときに、反射的に、$-1<x<4$ と答えを出すでしょう。なぜその答えで正しいのか、そこを分析してみることにしましょう。

$$(x+1)(x-4)<0 \tag{3.1}$$

式(3.1)が成り立つのはどういうときか、とあらためて考えてみます。2つの数の積が負になっているのですから、$(x+1)$ と $(x-4)$ の符号が異なっている、ということですね。

$$(x+1)(x-4)<0 \quad \longleftrightarrow \quad (x+1), (x-4) \text{ の符号が異なる}$$

それには2つの場合があります。ここで「または」が登場します。

$$(x+1)(x-4)<0 \quad \longleftrightarrow \quad ((x+1<0 \wedge x-4>0)$$
$$\vee \ (x+1>0 \wedge x-4<0))$$

ですが、$(x+1<0 \wedge x-4>0)$、つまり $4<x<-1$ を満たす x など存在しません。これは矛盾です。よって、前半は無視して、後半の条件である $(x+1>0 \wedge x-4<0)$ だけが答えになるのです。

$$(x+1)(x-4)<0 \quad \longleftrightarrow \quad -1<x<4$$

よって、答えは「$-1<x<4$」となります。 ❖

- $A \vee B \to C$ を証明せよ、と言われたら、
  A のとき C が成り立つことと、B のとき C が成り立つことを場合分けによって証明すればよい。
- $A \to B \vee C$ を証明せよ、と言われたら、
  A が成り立つとき、B, C のいずれかが成り立つことを証明すればよい。
- どんな命題 A についても、$A \vee \neg A$ は証明なしに正しい。
- どんな命題 A についても、B を矛盾した命題としたとき、$B \vee A$ は A と同値である。

3.2.2 箇条書きでまとめる:「かつ」

「A かつ B」というのは,A と B の両方が成り立っている,ということですね。「かつ」という言葉には既知の結果をいくつかまとめる機能があります。

数学では,いくつかの性質をまとめ,新しい言葉でその性質を定義することがよくあります。たとえば「正方形」の定義を振り返ってみましょう。

定義 3.1

四角形 ABCD が次の 2 つの性質を満たすとき,正方形という。
1. 四角形 ABCD の 4 辺の長さが等しいこと(四角形 ABCD がひし形であること)。
2. 四角形 ABCD の 4 つの角がどれも直角であること(四角形 ABCD が長方形であること)。

言い換えると,正方形とは「ひし形,かつ,長方形」であるような四角形のことだ,ということになります。

数学の証明の過程で,定義をさかのぼり,分解していくと,いくつもの「かつ」に出合います。「かつ」を読み解くことは,すなわち,「かつ」が意味する箇条書きを読み解くことでもあるのです。

「かつ」には(「または」と同様に),複数の命題を同列につなぐ効果があります。命題 A と命題 B を $\wedge$ でつなぐとき,どちらを先に書くかは問題ではありません。$A \wedge B$ と $B \wedge A$ は同値です。2 つ以上の命題を $\wedge$ でつなぐときにも,その順序は問題にはなりません。つまり,$A \wedge (B \wedge C)$ と $(A \wedge B) \wedge C$ は同値です。かけ算のルールと同じですね。

では,「かつ」という論理結合子は,どのような証明の道筋を示してくれるのでしょうか。次の例を通じて考えてみることにしましょう。

3.2 論理結合子の解釈

例題 3.2.6　正方形 ABCD の各辺の中点をそれぞれ P, Q, R, S とする。このとき，四角形 PQRS もやはり正方形になることを示せ。

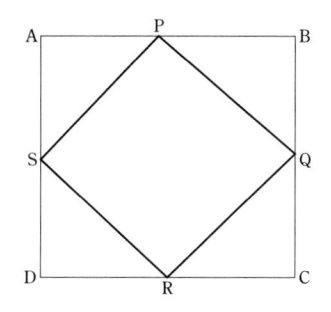

四角形 ABCD が正方形であることから
$$\overline{AB}=\overline{BC}=\overline{CD}=\overline{DA}$$
が成り立つ。また，P, Q, R, S は各辺の中点であることから
$$\overline{AP}=\overline{PB}=\overline{BQ}=\overline{QC}=\overline{CR}=\overline{RD}=\overline{DS}=\overline{SA}$$
が成り立つ。さらに，四角形 ABCD が正方形であることから
$$\angle A=\angle B=\angle C=\angle D=直角$$
が成り立つ。以上のことから，△APS, △BQP, △CRQ, △DSR は直角二等辺三角形である。さらに，それぞれの二辺夾角が等しいので，4 つの三角形は合同である。よって，
$$\overline{PQ}=\overline{QR}=\overline{RS}=\overline{SP} \tag{3.2}$$
が成り立つ。△APS, △BQP, △CRQ, △DSR が直角二等辺三角形であることから
$$\angle SPQ=\angle PQR=\angle QRS=\angle RSP=180°-2\times 45°=90° \tag{3.3}$$
が成り立つ。以上により，次の 2 つが示された。

- 四角形 PQRS の 4 辺は等しい。
- 四角形 PQRS の 4 つの角はどれも直角である。

よって，四角形 PQRS は正方形である。　❖

前提にも結果にも「かつ」が登場し，どちらも箇条書きになっていること

がわかりますね。前提条件は全部使っても，使わずに残してもかまいません。ただし，結果の条件はすべて示さなければなりません。

> - $A \wedge B \to C$ を証明せよ，と言われたら，
> A と B という条件を使って C が成り立つことを示せばよい。
> - $A \to B \wedge C$ を証明せよ，と言われたら，
> A という条件から，B が成り立つことと，C が成り立つことの 2 つを示せばよい。

3.2.3　反対の反対は賛成：「否定」

　「否定」も日常会話の中ではゆらぎが多い結合子です。たとえば，「A でなくもない」という文章を考えてみましょう。この文章では，一度「A でない」と否定しておいてから，さらに否定しています。つまり，二重に否定されていますね。ふつうの会話の中では，これは「A とも A でないともはっきりしない」というニュアンスでしょう。しかし，数学の中では，A か $\neg A$ か一方に必ず決まるような文 A だけを命題として扱います。よって，二重に否定された命題はもとの命題と同値だと解釈します。つまり，「反対の反対は賛成」「裏の裏は表」なのです。

> **法則** 二重否定の法則
> $$\neg(\neg A) \leftrightarrow A$$

二重否定の法則は，証明を推進する上で強い力になります。たとえば，実数 x が有理数であることを仮定して矛盾を導くことができさえすれば，x が無理数であることを証明したことになります。こうした証明方法は**背理法**とよばれ，古代ギリシャで発見され盛んに用いられました。「否定」という論理結合子の意味が，証明の方法を生み出した典型的な例といえるでしょう。

> ◎ $\neg A$ を証明せよ，と言われたら，
>   　　A を仮定して矛盾を導けばよい。

高校の教科書では，背理法を使った証明はいかにも特別なもののように扱われていますが，否定を用いて説明されるような性質を証明するには，背理法はごく自然な証明方法なのです。その最たるものが，無理数に関する証明です。無理数の定義は次のようなものでしたね。

　　　　　実数 a が有理数でないとき，a は無理数という。

有理数は「分数であらわせる数」というように（否定は使わずに）定義されますが，無理数の定義には否定が欠かせません。よって，「$\sqrt{3}$ は無理数である」というような命題の証明に背理法が登場するのは，ごく自然なことなのです。

例題 3.2.7　次の命題を数文であらわし，証明せよ。

▶ $\log_3 5$ **は無理数である。**

「x は有理数である」の定義は，「x は整数の比であらわされる」です。自然数全体の集合を $\mathbb{N}$，整数全体の集合を $\mathbb{Z}$ とあらわすと，「x は有理数である」は次のように数訳できるはずです。

$$\exists m \in \mathbb{Z}\, \exists n \in \mathbb{N}\left(x=\frac{m}{n}\right)$$

加えて，$\log_3 5$ は正の値ですから，問題文全体を数文であらわすと次のようになるでしょう。

$$\neg\left(\exists m \in \mathbb{N}\, \exists n \in \mathbb{N}\left(\log_3 5=\frac{m}{n}\right)\right)$$

したがって，「$\log_3 5$ が無理数である」ことを示すには，「$\log_3 5$ が正の分数 $\frac{m}{n}$ であらわされると矛盾に至る」ことを示せばよいことになります。

　ある自然数 n, m が存在し，$\log_3 5=\frac{m}{n}$ とあらわせたと仮定します。この式は次のように変形できます。

$$\log_3 5=\frac{m}{n}$$
$$3^{\frac{m}{n}}=5$$
$$3^m=5^n$$

$m \in \mathbb{N}$ ですから，3^m は3で割り切れます。ですが，3と5は互いに素なため，5^n は3では割り切れません。よって，この等式は成り立ちえません。

　以上により，$\log_3 5=\frac{m}{n}$ とあらわすことはできないことがわかりました。よって，$\log_3 5$ は無理数です。　　　　　　　　　　　　　　❖

3.2.4　前提と結論をつなぐ：「ならば」

「ならば」も自然な会話の中では，ゆらぎの幅の大きな結合子です。「がんばれば志望校に合格できる」という文章は，暗に「がんばらなければ不合格になる」ということを意味しているようにも見えますし，「がんばらない場合」については何も主張していないようにも見えます。

数学に登場する「ならば」は後者の使い方をします。つまり，$A \longrightarrow B$ は，A が正しいとき，B は正しい，A が正しくないときには，B は正しくても正しくなくてもどちらでもかまわない，と解釈します。つまり，数学では，$A \longrightarrow B$ は $\neg A \vee B$ と同じ意味だとみなされるのです。

数学の意味での「ならば」と日常の「ならば」はこのように意味が微妙にずれているので，注意が必要になります。次のような図で考えると，覚えやすいでしょう。

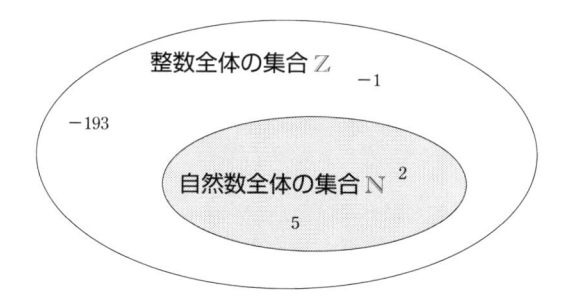

「n が自然数ならば，整数である」は正しいですね。一方「n が整数ならば，自然数である」は成り立ちません。なぜなら，-1 は整数ですが，自然数ではないからです。つまり，$n \in \mathbb{N} \longrightarrow n \in \mathbb{Z}$ は正しく，$n \in \mathbb{Z} \longrightarrow n \in \mathbb{N}$ は正しくないわけです。そのとき，$\mathbb{N}$ という集合は $\mathbb{Z}$ という集合に含まれるのです[2]。このとき，「n が自然数である」ためには，まずは「n が整数である」という条件が成り立つことが必要になります。一般に $A \longrightarrow B$ が成り立つとき，B を A の**必要条件**とよびます。逆に「n が自然数であ

---

[2] ここでの「含まれる」は部分集合であることをあらわす。つまり，$\mathbb{N} \subset \mathbb{Z}$ である。要素であることをあらわす「属す」とは区別しよう。

れ」ば，「n が整数である」ための条件として十分です。一般に $A \longrightarrow B$ が成り立つとき，A を B の**十分条件**とよびます。

「和文数訳」をたくさん経験するとわかりますが，意味のある数学の文章はその中にいくつもの「ならば」を含んでいます。「ならば」をひとつも含まないような数学の定理などないと言ってもいいでしょう。基本的に，定理とはある前提条件のもとでどのような性質が成り立つか，に関する主張だからです。いくつか例を見てみましょう。

(1) n, m はともに偶数ならば，$n+m$ もやはり偶数である。
(2) △ABC の 2 辺が等しく，その間のなす角の大きさが 60 度のとき，△ABC は正三角形である。
(3) a, b を整数とし，$0 < b$ とする。そのとき
$$a = bq + r \land 0 \leq r < b$$
を満たす整数 q, r がただ 1 組だけ存在する。
(4) $\sqrt{2}$ は無理数である。

(4)は何も前提がないように見えますが，実はそうではありません。この文には，$\sqrt{2}$ の定義である $\sqrt{2} \times \sqrt{2} = 2 \land 0 \leq \sqrt{2}$ など，いくつもの前提が隠されているのです。(1)から(3)の定理にも表面にあらわれている前提以外に，定義や公理などいくつもの前提が隠れています。

> ◎ $A \longrightarrow B$ を証明せよ，と言われたら，
> A を仮定し，その下で B が成り立つことを示せばよい。

3.2.5 置き換えと変形:「同値」

2つの命題 A と B について,「A が正しいとき,またそのときに限って B が正しい」ことを A と B は**同値**といいます。これは,$A \longrightarrow B$ と $B \longrightarrow A$ の両方が成り立つということでもあります。つまり,A は B の必要かつ十分な条件になっているということです。よって,A は B の**必要十分条件**になっているといいます[3]。

命題 A の一部 B が C という命題と同値ならば,A の中にある B の部分を C に置き換えたものは,当然もとの命題 A と同値になります。私たちはこの事実をしばしば証明の中で(意識せずに)使っています。たとえば,「△ABC は正三角形である」という条件を,同値な「△ABC のすべての角の大きさは60度である」という条件に置き換えて証明を進める,などはその典型です。

もうひとつ,「同値」という概念がひんぱんに使われるのが,式の変形です。次の例題でそれを確認しましょう。

例題 3.2.8 以下の連立方程式の解法の中で,どのように必要十分条件が使われているか,解明せよ。

$$\begin{cases} x+y=3 & \cdots ① \\ x-2y=0 & \cdots ② \end{cases}$$

連立方程式,というのは,複数の式が同時に成り立っている,ということですから,数文であらわすと,次のようになります。

$$(x+y=3) \wedge (x-2y=0)$$

ここで,①の式から②の式の両辺を引いて,x を消去する,ということを多くの読者が考えたことでしょう。この操作は何を意味しているでしょう

---

[3] 同時に,B は A の必要十分条件でもある。

か。また，何によって保証されているのでしょうか。

ユークリッドの『原論』の冒頭では，数学で用いてよい共通概念（公理）として次のような命題が掲げられています。

- 同じものに等しいものはまた互いに等しい。
- また等しいものに等しいものが加えられれば，全体は等しい。
- また等しいものから等しいものがひかれれば，残りは等しい。
- また互いに重なり合うものは互いに等しい。
- また全体は部分より大きい。

式の変形の正しさは，これらの公理によって保証されているのです。

「等しいものから等しいものがひかれれば，残りは等しい」という公理によって，$x+y=3$ から $x-2y=0$ の両辺を差し引いて，$3y=3$ という式を得ます。つまり，以下が示されました。

$$(x+y=3) \wedge (x-2y=0) \longrightarrow (3y=3)$$

ここで，$3y=3$ という式から，$(x+y=3) \wedge (x-2y=0)$ を得ることはできないことに注意しましょう。$x+y=3$ と $x-2y=0$ の両方を得るには，$3y=3$ と $x-2y=0$（または $x+y=3$）の両方が必要です。よって，以下が成り立ちます。

$$(x+y=3) \wedge (x-2y=0) \longleftrightarrow (3y=3) \wedge (x-2y=0) \tag{3.4}$$

ここで，$3y=3$ という命題は $y=1$ という命題と同値です。なぜなら，$y=1$ の両辺を3倍すれば $3y=3$ になるし，逆に，$3y=3$ の両辺を3で割ったら $y=1$ になるからです。

$$3y=3 \longleftrightarrow y=1 \tag{3.5}$$

よって，先の命題の $3y=3$ という部分を $y=1$ に置き換えることができま

す。つまり，$(y=1) \wedge (x-2y=0)$ です。

$$(x+y=3) \wedge (x-2y=0) \quad \longleftrightarrow \quad (y=1) \wedge (x-2y=0) \tag{3.6}$$

$y=1$ を $x-2y=0$ に代入することによって，$x=2$ を得ます。つまり，$(x+y=3) \wedge (x-2y=0)$ という命題は $(y=1) \wedge (x=2)$ という命題と，最終的には必要十分である，ということがわかったのです。

$$(x+y=3) \wedge (x-2y=0) \quad \longleftrightarrow \quad (y=1) \wedge (x=2) \tag{3.7}$$

ここから，答えである $x=2, y=1$ が導かれました。　　　　　　❖

　例題3.2.8からわかるように「方程式を解く」というのは，その方程式と同値な命題で次々に置き換えていって，最終的に $x_i = c_i$（i は方程式に含まれる変数の数に依存する）の箇条書きという形に置き換える活動なのです。よって，例題3.2.8の解答にあらわれる4つの式(3.4)〜(3.7)に登場する⟷は，⟶や⟵で置き換えることはできません。

◎ A という条件が B という条件と同値であることを証明せよ，と言われたら，
　　　　$A \longrightarrow B$（A は B の十分条件）であること，そして，$B \longrightarrow A$（A は B の必要条件）であることの両方を示せばよい。

3.2.6 変数を扱う：「すべて」と「ある」

小学校では，$2+3=5$ や $\frac{2}{3}+\frac{1}{2}=\frac{7}{6}$ といった具体的な数や対象を扱いましたが，中学校に入ると文字式を学ぶようになります。たとえば，

$$3x+4x=7x \tag{3.8}$$

や

$$3x+4=7 \tag{3.9}$$

のような式です。

そっくりに見える2つの式ですが，みなさんは経験的にこの2つの式が異なる状況で登場することを知っていますね。式(3.8)はこんな文脈で登場するはずです。

$$3x+4x=7x$$
が常に成り立つ。

一方，式(3.9)が登場するのはこんな文脈です。

$$3x+4=7$$
を満たす x を求めよ。

2つの式の立場を入れ替えて，「$3x+4x=7x$ を満たす x を求めよ」とか「$3x+4=7$ が常に成り立つ」と書くと，なんだか居心地が悪い感じがします。

それは，2つの式の x の役割がちがうからです。式(3.8)にあらわれる x

は，「任意の x について成り立つ」ことを暗に示しています。一方，式(3.9) にあらわれる x は，「$3x+4=7$ を満たす x が存在する」ことを示唆しています。

同じように見える変数 x ですが，式(3.8)では「任意の x」，そして式(3.9)では「存在の x」という異なる役割を担っているのです。

変数に込められた2つの役割である「任意」と「存在」を文脈から読み解く——実は，和文数訳そして次章で学ぶ数文和訳のいちばんの難所がここなのです。

まずは簡単な例から出発して，「任意」と「存在」という2つの量化子の雰囲気のちがいを感じとりましょう。

例題 3.2.9　「実数 x, y について，$x<y, x=y, x>y$ のいずれかが成り立つ」を数訳せよ。

問題文には「任意」も「存在」も登場しません。では，この文は次のどちらを意味するでしょう。

① どんな実数 x, y についても，$x<y, x=y, x>y$ のいずれかが必ず成り立つ。
② $x<y, x=y, x>y$ のいずれかが必ず成り立つような x, y が存在する。

もちろん①でしょう。変数 x, y にかかる論理結合子は「すべて」$\forall$ のはずです。

$$\forall x \forall y (x, y \text{ が実数なら } x<y \lor x=y \lor x>y)$$

カッコの中身はどうすればよいでしょう。「〜なら」は「ならば」$\longrightarrow$ をあらわす論理結合子でした。実数全体の集合を $\mathbb{R}$ であらわすなら，次のように翻訳されるべきでしょう。

$$\forall x \forall y((x\in\mathbb{R} \land y\in\mathbb{R}) \longrightarrow (x<y \lor x=y \lor x>y))$$

◈

例題 3.2.10　「$x<y$ ならば，必ず $x<z<y$ となる z が存在する」を数訳せよ．

まずは，素直に数訳してみましょう．「ならば」は $\longrightarrow$，「〜となる z が存在する」は $\exists z$ と訳します．

$$x<y \longrightarrow \exists z(x<z<y)$$

ですが，これでは完成ではありません．変数 x, y が任意を意図しているか，存在を意図しているか区別がつかないからです．

冒頭の「$x<y$ ならば」という部分は「任意の x, y について $x<y$ ならば」と読み解くべきでしょうね．よって，最も外側の論理記号として $\forall$ を付け加えます．

$$\forall x\bigl(\forall y(x<y \longrightarrow \exists z(x<z<y))\bigr)$$

これで，翻訳が完成しました．　　　　　　　　　　　　　　　　　　◈

ところで，例題3.2.10の翻訳に登場する変数 x, y は何を指しているのでしょうか．多くの読者が「それは任意の実数を指す」と思ったことでしょう．

「すべての x」と言ったとき，x が自然数も三角形も，集合も，ベクトルも，何もかもを意味していることはほとんどありません．その範囲は，自然数，実数，2次の正方行列などあらかじめ決まっているはずです．この範囲のことを**対象領域**などとよびます．

指し示している対象領域が明らかなとき，ことさらに数文で対象領域に言及することはありません．たとえば，話題となっているのが明らかに自然数の場合，

$$\forall x\,(1\leq x)$$

という命題は「任意の自然数は1以上である」という意味だと解釈します。

一方，対象領域を明示的にあらわしたい場合には，次のように表現します。

$$\forall x\,(x\in\mathbb{N}\;\longrightarrow\;1\leq x)$$

この数文を直訳すると，「任意の x は，自然数に属しているならば1以上である」となります。ここで，「任意の x」に前提条件（例：自然数である）をつける場合，主たる命題（例：1以上である）との間をつなぐ論理結合子が「ならば」$\longrightarrow$ になることに注意しましょう。

数文 $\forall x\,(x\in\mathbb{N}\;\longrightarrow\;1\leq x)$ は数学の教科書では，しばしば次のように略記されます。

$$\forall x\in\mathbb{N}\,(1\leq x)$$

「$P(x)$ という性質を満たす x が存在する」という命題も，「すべての x について，$P(x)$ という性質が成り立つ」という命題同様，対象領域があらかじめ定まっていると考えるべきです。その領域の中で，$P(x)$ を満たす x が存在する証拠をあげることができたとき，$\exists x\,P(x)$ は正しいと考えられます。

対象領域が明らかに自然数だとわかっているとき

$$\exists x\,(x\leq 1)$$

という命題は「1以下の自然数が存在する」という意味です。x が自然数の要素であることを明示したいときには，次のようにあらわします。

$$\exists x\,(x\in\mathbb{N}\wedge x\leq 1)$$

直訳すると「自然数でありかつ1以下であるような x が存在する」となり

ます。

　「すべて」の変数に条件をつける場合には「ならば」を用いたのに対し，「存在」の変数に条件をつける場合には「かつ」を用いることに注意しましょう。数文 $\exists x(x \in \mathbb{N} \wedge x \leq 1)$ は数学の教科書では，しばしば次のように略記されます。

$$\exists x \in \mathbb{N}(x \leq 1)$$

　では，「すべて」「存在」の両方の変数に条件をつける場合にはどうなるでしょう。

$$\exists x \left(\forall y \, (x \leq y) \right)$$

という命題は直訳すると「ある自然数 x が存在し，任意の自然数 y について $x \leq y$ が成り立つ」となります。意訳すると，「最小の自然数が存在する」になるでしょう。x と y が自然数の要素であることを明示したいときには，次のようにあらわします。

$$\exists x \left(x \in \mathbb{N} \wedge \forall y (y \in \mathbb{N} \longrightarrow x \leq y) \right)$$

略記すると，次のようになりますね。

$$\exists x \in \mathbb{N} \left(\forall y \in \mathbb{N} (x \leq y) \right)$$

例題 3.2.11 「有理数ではない実数が存在する」という命題を数文に訳せ。

　実数全体の集合を $\mathbb{R}$，有理数全体の集合を $\mathbb{Q}$ とあらわすことが許されているなら，この命題は次のように数訳できるでしょう。

$$\exists x \, (x \in \mathbb{R} \wedge x \notin \mathbb{Q})$$

あるいは，次のように略記することもできます。

$$\exists x \in \mathbb{R}(x \notin \mathbb{Q})$$

$\mathbb{Q}$ という記号をさらに分析するなら，次のようにあらわすこともできるでしょう。ただし，整数全体の集合を $\mathbb{Z}$ であらわします。

$$\exists x \in \mathbb{R} \left(\neg \left(\exists n \in \mathbb{N} \; \exists m \in \mathbb{Z} \left(x = \frac{m}{n} \right) \right) \right) \qquad \diamondsuit$$

では，どのような方法を使えば，「すべての x について $P(x)$ である」という主張が正しいことを論理的に示すことができるのでしょうか。

「すべての x について $P(x)$ が成り立つ」ということを証明するには2つのパターンが考えられます。

「21の約数はどれも奇数である」という命題を考えてみます。ここには「どれも」という語が登場しますね。「どれも」は論理結合子の中では「すべて」に相当します。この命題が正しいことを示すには，どうしたらよいでしょうか。誰もが，21の約数を並べてみせ，実際に奇数であることを示そうとするでしょう。このように，「すべての」が示す対象の範囲に限りがあるならば，ひとつずつもれなく調べることで証明を完成することができます。これが，「すべての x について $P(x)$ が成り立つ」を証明する第1のパターンです。より詳しく証明を追っていくと，次のようになります。

例題 3.2.12 「21の約数はどれも奇数である」という命題を数訳し，それに基づいて証明せよ。

問題文を数文に訳すと，以下のようになる。
$$\forall x \, (x | 21 \;\; \longrightarrow \;\; 2 \nmid x)$$
さっそく証明に取りかかろう。x が21の約数ならば，x は $1, 3, 7, 21$ のいずれかである。
$$x | 21 \;\; \longrightarrow \;\; (x=1 \lor x=3 \lor x=7 \lor x=21)$$
数文に直すと次のようになる。x の値によって場合分けを行う。x が1のとき，x は偶数ではない。

$$x=1 \longrightarrow 2\nmid x$$

x が 3 のとき，x は偶数ではない．
$$x=3 \longrightarrow 2\nmid x$$

x が 7 のとき，x は偶数ではない．
$$x=7 \longrightarrow 2\nmid x$$

x が 21 のとき，x は偶数ではない．
$$x=21 \longrightarrow 2\nmid x$$

よって，x は $1, 3, 7, 21$ のいずれかならば，x は偶数ではない．
$$(x=1 \lor x=3 \lor x=7 \lor x=21) \longrightarrow 2\nmid x$$

以上により，x が 21 の約数ならば，x は奇数である．
$$x\mid 21 \longrightarrow 2\nmid x$$

よって，21 の約数はどれも奇数であることが示された．
$$\forall x\,(x\mid 21 \longrightarrow 2\nmid x) \qquad \diamondsuit$$

　調べなければならない範囲が膨大なとき，さらには無限のときにはどうしたらよいでしょう．たとえば「どんな 2 つの偶数の積も 4 の倍数になる」というような命題では，「どんな 2 つの偶数」が想定している範囲は有限ではありません．このような場合，「2×4 は 8 で 4 の倍数になるし，10×14 も 140 で 4 の倍数になるから，いつでも結果は 4 の倍数になる」というような例示をしても，証明にはなりえません．

　このようなとき，私たちは変数を使います．そして，証明を「x, y をそれぞれ偶数とする」という仮定から始めます．x, y はどんな偶数でもかまいません．このようなとき，数学では「任意の」という言い回しをします．「任意の」変数は，文脈からいっさいの制約を受けない**自由な変数**です．これが，「すべての x について $P(x)$ が成り立つ」を証明する第 2 のパターンです．

例題 3.2.13 「どんな2つの偶数の積も4の倍数になる」ことを数訳し、それに基づいて証明せよ。

「x は偶数である」という関係は、いくつかのあらわし方があります。

① $2|x$
② $\exists n(x=2n)$ （ただし、この命題の対象領域は整数だと仮定する）

今回は2番目の表現を使って数文にし、証明方法を探りましょう。問題文は「どんな〜も…である」という構造をしていますから、数訳するといちばん外側の論理結合子は「すべて」$\forall$ になります。

$$\forall x \left(\forall y \left(\exists n\,(x=2n) \land \exists m\,(y=2m) \longrightarrow \exists k\,(xy=4k) \right) \right)$$

このような命題の証明は「x, y を任意の整数とする」という文から始めます。この前提は、いちばん外側の量化子 $\forall x \forall y$ の和訳です。次に、いちばん外側のカッコの中身、$\exists n(x=2n) \land \exists m(y=2m) \longrightarrow \exists k(xy=4k)$ の分析に着手します。この場合には「$\exists n(x=2n)$」と「$\exists m(y=2m)$」という2つの仮定が使えますね。$\exists n(x=2n)$ は x が偶数であること、$\exists m(y=2m)$ は y が偶数であることをあらわしています。では、証明を書いてみましょう。

x, y を任意の整数とする。さらに x, y がともに偶数であるとする。このとき、偶数の定義から、ある整数 n, m が存在し、$x=2n$, $y=2m$ とあらわすことができる。よって、積 xy は次のようにあらわすことができる。

$$xy = 2n \times 2m$$
$$= 4nm$$

よって、xy は4の倍数になる。以上により、どんな2つの偶数の積も4の倍数になることが示された。　❦

「任意の」という語を使って、$\forall x\, P(x)$ を証明するには、x の性質によらずに $P(x)$ が一様に正しくなければなりません。仮に、x の種類によって証明が場合分けされたとしても、その場合分けはあくまでも有限、しかも「いくつ」とわかっている有限でなければならないのです。事実として、すべての x について $P(x)$ が成り立っていたとしても、その証明が個々の x によってバラバラであっては有限の証明にまとめ上げることはできないといえるでしょう。

つまり、私たち人間には、「統制がとれた規則性のある無限」は扱うことができても「てんでんばらばらで、規則性がない無限」は扱うことはできないのです。

◎ $\forall x\, P(x)$ を証明せよ、と言われたら、次のやり方で示すことができる。
- x の範囲が $\{c_1, c_2, \cdots, c_n\}$ であるとする。このとき、$P(c_1)$ かつ $P(c_2)$ かつ…かつ $P(c_n)$ であることを示す。
- 証明の冒頭において「x を任意とする」と書き、x の値によらずに $P(x)$ が成り立つことを示す。

では、$\exists x\, P(x)$ を証明するにはどうしたらよいでしょう。当然のことながら、$P(x)$ を満たすような x の例を具体的にあげればよいですね。

たとえば、「この広い宇宙には、生命体が生息している星が存在する」という命題は、どのようなときに正しいといえるでしょうか。実際に宇宙人が生息している星の例をあげればよいですね。たとえば「地球は宇宙の星のひとつである。そして、地球には生命体が生息している」は、誰もが納得する論証だといえるでしょう。

つまり、$\exists x\, P(x)$ が正しいことを証明するには、実際に P という性質を

満たす x の例をあげればよいわけです。このような例を P の**証拠** (witness) とよびます。

例題 3.2.14 自然数に関する次の命題を数文に訳せ。また，その命題が正しい証拠を示せ。

▶ **差が 2 であるような 2 つの素数の組が存在する。**

「n は素数である」という条件をとりあえずは，$\mathrm{Prime}(n)$ とおくことにしましょう。すると，この命題は次のように数訳することができます。

$$\exists n \bigl(\mathrm{Prime}(n) \land \mathrm{Prime}(n+2)\bigr)$$

$\mathrm{Prime}(n)$ とは「n が 1 とそれ自身以外では割り切ることができない，1 より大きな自然数であること」です。よって，この部分をさらに数文に訳すと次のようになります。

$$1<n \land \forall m \bigl(m|n \longrightarrow (m=1 \lor m=n)\bigr)$$

$\bigl($直訳すると，「n は 1 より大きく，さらに，m が n の約数ならば，m は 1 であるか n 自身であるかのどちらかである」となる。$\bigr)$

以上をまとめると，与えられた命題は次のように数訳できるでしょう。

$$\exists n \bigl(1<n \land \forall m \bigl(m|n \longrightarrow (m=1 \lor m=n)\bigr) \land \\ \forall l \bigl(l|n+2 \longrightarrow (l=1 \lor l=n+2)\bigr)\bigr)$$

さて，この命題の証拠となる素数の組は何でしょう。いろいろありますが，まず $(3,5)$ がその証拠です。なぜなら，$(3,5)$ は差が 2 となる素数の組だからです。ほかにも，$(5,7)$，$(11,13)$ なども，この命題の証拠になりえます。

例題 3.2.15 自然数に関する次の命題を数文に訳せ。また，その命題が正しい証拠を示せ。

▶ **素数は無限に存在する。**

例題3.2.14により，自然数 p が素数であることが次のように数訳されることがわかりました。

$$1<p \ \wedge \ \forall m\,(m|p \longrightarrow (m=1 \ \vee \ m=p))$$

では，このような性質を満たす p が「無限にたくさん存在する」ことはどうすればあらわすことができるでしょうか。

数学では，しばしば「無限」の略記として ∞ が用いられます。が，自然数論や実数論においては，∞ は対象ではなく概念です。ですから，$p=\infty$ などと書いても意味をなしません。

「素数が無限に存在する」という命題は，「どんなに大きな数を選んだとしても，それより大きな素数が存在する」という命題に置き換えることができます。よって，次のようにあらわせばよいのです[4]。

$$\forall n \ \exists p\,(n<p \ \wedge \ \forall m\,(m|p \longrightarrow (m=1 \ \vee \ m=p)))$$

この命題を証明するには，与えられた任意の自然数 n に対して，それより大きな素数を証拠として見つければよいですね。実際に証明してみましょう。

n を任意の自然数とし，$m=n!+1$ とおく[5]。次に集合 P を，

$$P=\{r\,|\,r \neq 1 \ \wedge \ r|m\}$$

と定義する。ここで，m 自身が P の要素になるので，P は空ではない。よって，P は最小の要素 q をもつ。この q が n より大きい素数であることを示そう。

m の定義から，1でない n 以下の自然数 a で m を割ると，必ず1余る。

---

4) $n<p$ という条件から，$1<p$ という前提は不要になる。
5) $n!$ は n の階乗を意味する。すなわち，$n!=1\times2\times\cdots\times n$

よって，$n<q$ である。r を q の，1 ではない，任意の約数としよう。このとき，$q|m$ なので $r|m$ が成り立つ。よって，$r \in P$ である。q は P の最小要素であることから，$r=q$ でなければならない。したがって，q は n より大きな素数である。　　　　　　　　　　　　　　　　　　　　◈

　証拠は「これ」と具体的に指し示すことができなくてもかまいません。たとえば，a か b のどちらかが証拠になる，ということを証明できれば，実際に a, b のどちらが証拠になるのかを示さなくてもよいのです。

例題 3.2.16　「無理数の無理数乗は常に無理数になるとは限らない」ことを示せ。

　「無理数の無理数乗が無理数になるとは限らない」ことを示すには，「無理数の無理数乗が有理数になる例」をあげればよい，ということになります。
　$\sqrt{2}$ が無理数であることは，既知であるとしましょう。
　では，ここで次のような 2 つの場合に分けます。

① $\sqrt{2}^{\sqrt{2}}$ が有理数であるとき
② $\sqrt{2}^{\sqrt{2}}$ が有理数でないとき

　では，それぞれの場合について検討してみましょう。

〈$\sqrt{2}^{\sqrt{2}}$ が有理数であるとき〉
　　　$\sqrt{2}^{\sqrt{2}}$ が有理数であるとき，これが，まさに「無理数の無理数乗が有理数になる例」となります。

〈$\sqrt{2}^{\sqrt{2}}$ が有理数でないとき〉
　　　このとき $\sqrt{2}^{\sqrt{2}}$ は無理数です。そこで，$\left(\sqrt{2}^{\sqrt{2}}\right)^{\sqrt{2}}$ について考えてみることにしましょう。これは，仮定から，「無理数の無理数乗」で

あるような数ですね。計算をすると，次のようになります。

$$\left(\sqrt{2}^{\sqrt{2}}\right)^{\sqrt{2}} = \sqrt{2}^{(\sqrt{2} \times \sqrt{2})}$$
$$= \sqrt{2}^2$$
$$= 2$$

よって，$\left(\sqrt{2}^{\sqrt{2}}\right)^{\sqrt{2}}$ は「無理数の無理数乗が有理数になる例」になりました。

どちらにせよ，「無理数の無理数乗が有理数になる例」が見つかるので，「無理数の無理数乗は常に無理数になるとは限らない」ことが証明されます。

❀

> ◎ $\exists x\, P(x)$ を証明せよ，と言われたら，次の方法で示すことができる。
> ・実際に $P(c)$ を満たす c を証拠としてあげる。

以下，量化子が複数並んであらわれるとき，その影響の及ぶ範囲が明らかなときに限り，カッコを省略してもよいことにします。たとえば

$$\forall n \left(\exists m \left(n < m \right) \right)$$

は

$$\forall n \exists m \left(n < m \right)$$

と略記してもかまいません。

3.3 論理記号の規則

「数学の命題」だの「証明」だの，といった言葉を持ち出すまでもなく，私たちの生活には実は論理があふれています。たとえば，こんな文章の中にも。

> 高価なものがすべて，
> 一流なものであるとはかぎりません。
> （叶 恭子『叶 恭子の知のジュエリー12ヵ月』より）

この文を分析してみると，いちばん外側の論理結合子は「〜とは限らない」であり，その内側の論理結合子は「すべての」であることがわかりますね。よって，この文を数訳すると，次のようになります。

$$\neg\bigl(\forall x(x \text{ は高価} \longrightarrow x \text{ は一流})\bigr) \tag{3.10}$$

さて，この文章からあなたは何を知りえたでしょうか。

① 高価なものは一流ではない。
② 高価なのに，一流ではないものが存在する。

答えは，もちろん②ですね。②を数文であらわすと次のようになるはずです。

$$\exists x \bigl(x \text{ は高価} \land \lnot(x \text{ は一流}) \bigr) \tag{3.11}$$

数文 (3.10) と (3.11) はまるでちがう形をしています。が，私たちはこの 2 つの文は同じことを意味するということを知っていますね。

私たちはこのように，形がちがうけれども，同値な文に置き換えながら意味を理解する，という非常に複雑なことを日々しているのです。この操作を，**同値な命題への置き換え**といいます。

数学の証明は，まさに同値文への置き換えであふれています。この節では，同値文への置き換えのルールを整理し，自由に同値文が作れるようテクニックを磨いていくことにしましょう。

3.3.1 交換法則・結合法則・分配法則

まずは，ごく当たり前の法則から始めましょう。

「または」は命題を並列につなぐ論理結合子です。命題 A と命題 B を $\lor$ でつなぐとき，どちらを先に書くかは問題ではありません。$A \lor B$ と $B \lor A$ は同値です。これを「または」に関する**交換法則**とよびます。「かつ」についても，同様に交換法則が成り立ちます。

$A \lor B$ と $B \lor A$ は同値。
$A \land B$ と $B \land A$ は同値。

---

2 つ以上の命題を $\lor$ でつなぐときにも，その順序は問題にはなりません。

つまり，$A \vee (B \vee C)$ と $(A \vee B) \vee C$ は同値です。これを「または」に関する **結合法則** とよびます。「かつ」についても，同様に結合法則が成り立ちます。

> $A \vee (B \vee C)$ と $(A \vee B) \vee C$ は同値。
> $A \wedge (B \wedge C)$ と $(A \wedge B) \wedge C$ は同値。

注意しなければいけないのは，「または」と「かつ」が混じってあらわれる命題の読解です。

「カレーを作るには，鶏肉か牛肉，玉ねぎ，それにじゃがいもを用意しましょう。じゃがいもの代わりにかぼちゃでも OK です」と言われたら，何を用意すべきか，ということに置き換えて考えてみましょう。

このレシピを見て買い物に行った人は，何を買ってくるでしょうか。

- 鶏肉 と 玉ねぎ と じゃがいも
- 鶏肉 と 玉ねぎ と かぼちゃ
- 牛肉 と 玉ねぎ と じゃがいも
- 牛肉 と 玉ねぎ と かぼちゃ

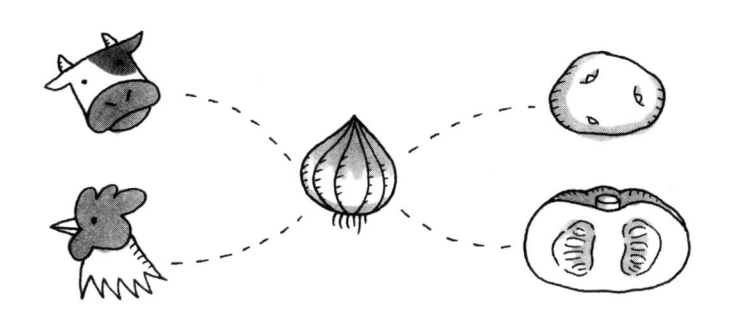

この4種類の買い方がありますね。これは，

$$(鶏肉 \lor 牛肉) \land 玉ねぎ \land (じゃがいも \lor かぼちゃ)$$

と

$$(鶏肉 \land 玉ねぎ \land じゃがいも) \lor (鶏肉 \land 玉ねぎ \land かぼちゃ)$$
$$\lor (牛肉 \land 玉ねぎ \land じゃがいも) \lor (牛肉 \land 玉ねぎ \land かぼちゃ)$$

が同値だ，ということを意味しています。一般的には次の法則が成り立ちます。

> $A \land (B \lor C)$ と $(A \land B) \lor (A \land C)$ は同値。
> $(A \lor B) \land (C \lor D)$ と $(A \land C) \lor (A \land D) \lor (B \land C) \lor (B \land D)$ は同値。

　東京から札幌に行くには，列車で行くか，飛行機と電車を乗り継ぐかのどちらかの方法があります。ある殺人事件の捜査をしているとき，犯人が事件当日，東京から札幌に移動したことがわかったなら，刑事は2つのことを結論づけることができます。

① 列車か飛行機に乗ったはず。
② 列車か電車に乗ったはず。

　これが，「または」と「かつ」の組み合わせを読解するためのもうひとつの法則です。

> $A \vee (B \wedge C)$ と $(A \vee B) \wedge (A \vee C)$ は同値。
> $(A \wedge B) \vee (C \wedge D)$ と $(A \vee C) \wedge (A \vee D) \wedge (B \vee C) \wedge (B \vee D)$ は同値。

上記4つの法則をあわせて**分配法則**とよびます。

分配法則は条件を整理して証明を進めるためにしばしば用いられます。特に，絶対値が登場する問題を解くには分配法則を理解することが不可欠です。次の例題3.3.1を解きながら，どんなふうに分配法則が使われているのか感じとりましょう。

例題 3.3.1 次の方程式の解を求めよ。

$$|x-1|+|2x+4|=6$$

この方程式には2つの絶対値が登場します。絶対値の中身の正負によって，計算方法が異なりますから，それぞれの場合について同時に考えなければなりません。

$$\begin{cases} x-1 \geqq 0 \\ x-1 < 0 \end{cases} \quad \begin{cases} 2x+4 \geqq 0 \\ 2x+4 < 0 \end{cases}$$

このように絶対値をはずしてみましたが，どこが「それぞれ」であり，どこが「同時に」を意味しているか，わかりますか？

左側の部分を取り出します。

$$\begin{cases} x-1 \geqq 0 \\ x-1 < 0 \end{cases}$$

これは，$|x-1|$ の計算方法を確定するための場合分けです。よって，左につ

いている記号 { は「または」をあらわします。

　右側の部分を取り出します。

$$\begin{cases} 2x+4 \geq 0 \\ 2x+4 < 0 \end{cases}$$

こちらは $|2x+4|$ の計算方法を確定するための場合分けですね。やはり左についている記号 { は「または」をあらわします。

　右と左の部分を「同時に」考えるとは，右と左の間の「かつ」を考えているということです。ここで分配法則が登場します。数文であらわすと次のようになります。

$$(0 \leq x-1 \lor x-1 < 0) \land (0 \leq 2x+4 \lor 2x+4 < 0)$$
$$\leftrightarrow \quad (0 \leq x-1 \land 0 \leq 2x+4) \lor (0 \leq x-1 \land 2x+4 < 0)$$
$$\lor (x-1 < 0 \land 0 \leq 2x+4) \lor (x-1 < 0 \land 2x+4 < 0)$$

分配法則によって変形することによって，全体は次のような 4 つの場合に分割されることがわかります。

$$(0 \leq x-1) \land (0 \leq 2x+4) \tag{3.12}$$
$$(0 \leq x-1) \land (2x+4 < 0) \tag{3.13}$$
$$(x-1 < 0) \land (0 \leq 2x+4) \tag{3.14}$$
$$(x-1 < 0) \land (2x+4 < 0) \tag{3.15}$$

この命題は，「x は実数である」（$x \in \mathbb{R}$）という命題と同値であることに注意しましょう。

　それぞれ計算をすると次のようになります。

$$\begin{aligned} 式(3.12) \quad &\leftrightarrow \quad (0 \leq x-1) \land (0 \leq 2x+4) \\ &\leftrightarrow \quad (1 \leq x) \land (-4 \leq 2x) \\ &\leftrightarrow \quad (1 \leq x) \land (-2 \leq x) \\ &\leftrightarrow \quad 1 \leq x \end{aligned}$$

式(3.13) $\longleftrightarrow$ $(0 \leqq x-1) \wedge (2x+4<0)$
$\longleftrightarrow$ $(1 \leqq x) \wedge (x < -2)$

式(3.13)を満たすような x は存在しません。

式(3.14) $\longleftrightarrow$ $(x-1<0) \wedge (0 \leqq 2x+4)$
$\longleftrightarrow$ $(x<1) \wedge (-2 \leqq x)$
$\longleftrightarrow$ $-2 \leqq x < 1$

式(3.15) $\longleftrightarrow$ $(x-1<0) \wedge (2x+4<0)$
$\longleftrightarrow$ $(x<1) \wedge (x<-2)$
$\longleftrightarrow$ $x < -2$

以上により，$x \in \mathbb{R}$ という命題が，次の命題に置き換えられました。

$$1 \leqq x \vee -2 \leqq x < 1 \vee x < -2$$

この3つの場合に，与えられた方程式がどのような解をもつか，検討することにしましょう。

式(3.12)の場合，つまり，$1 \leqq x$ のとき，方程式は次のように変形されます。

$$|x-1|+|2x+4|=6$$
$$x-1+2x+4=6$$
$$3x+3=6$$
$$3x=3$$
$$x=1$$

$x=1$ は $1 \leqq x$ を満たします。よって，$x=1$ はこの方程式のひとつの解になります。

式(3.14)のとき，つまり，$-2 \leqq x < 1$ のときは，方程式は次のように変形されます。

$$|x-1|+|2x+4|=6$$
$$-x+1+2x+4=6$$
$$x+5=6$$
$$x=1$$

$x=1$ は，$-2 \leqq x < 1$ という前提条件を満たしません。つまり，$-2 \leqq x < 1$ と $|x-1|+|2x+4|=6$ という2つの前提からは矛盾が導かれてしまうのです。よってこの場合は解をもちえません。

式(3.15)のとき，つまり，$x<-2$ のときは，方程式は次のように変形されます。

$$|x-1|+|2x+4|=6$$
$$-x+1-2x-4=6$$
$$-3x-3=6$$
$$-3x=9$$
$$x=-3$$

$x=-3$ は $x<-2$ を満たします。よって，$x=-3$ はこの方程式のひとつの解になります。

以上によって，この方程式は，$x=-3, 1$ という2つの解をもつことがわかりました。

3.3.2 対偶

「今すぐ出発すれば間に合う」という言葉が正しいとしましょう。このとき，「間に合わなかった」という事実から，何を導くことができるでしょうか。それは，「すぐに出発しなかった」ということです。

私たちは日ごろ意識せずに使っていますが，

$$A \longrightarrow B$$

と

$$\neg B \longrightarrow \neg A$$

は同値な命題なのです。数学では，$\neg B \longrightarrow \neg A$ を $A \longrightarrow B$ の**対偶**とよびます。

> $A \longrightarrow B$ は $\neg B \longrightarrow \neg A$ と同値。

証明すべき命題を対偶に置き換えることによって，手法の幅がぐんと増えます。「A ならば B」がうまく証明できないとき，「『$\neg B$ ならば $\neg A$』を証明できないかな」と思いつけるようになったなら，あなたの証明力は確実にアップしているはずです。

例題 3.3.2 n を整数とする。このとき，n^2 が偶数ならば n も偶数であることを示せ。

この問題では「n^2 が偶数ならば n も偶数である」ことを導くよりも，その対偶である「n が奇数ならば n^2 も奇数である」を示すほうがずっと簡単です。実際に証明してみましょう。

n が奇数であると仮定する。このとき，ある整数 m が存在し，$n=2m+1$ とあらわされる。

$$n^2 = (2m+1)^2$$
$$= 4m^2 + 4m + 1$$
$$= 2(2m^2 + 2m) + 1$$

$k = 2m^2 + 2m$ とおくと，n^2 は $2k+1$ という形であらわされる。よって，n^2 は奇数である。よって，n が奇数ならば n^2 も奇数である，ことが証明された。

3.3.3 ド=モルガンの法則

「x が同時に正でありかつ負であることは，ない」という数文は次のように訳すことができますね。

$$\neg(0<x \wedge x<0)$$

この文を別の同値な言い方にかえることはできるでしょうか。たとえば，「x は正であるか，または負である」という言い方はどうでしょう。この文は，$0<x \vee x<0$ とあらわすことができます。しかし，厳密にいうと，この文はもとの文と同値ではありません。なぜなら，「または」は同時に $0<x$，$x<0$ の2つが成り立つことを排除しないからです。

では，どうすればよいでしょう。「x が同時に正でありかつ負であることは，ない」とは「x は正でないか，負でないか，のどちらか」が成り立っているということです。つまり，上の数文は，次の数文と同値になるのです。

$$0 \not< x \vee x \not< 0$$

2つの数文を見比べてみます。最初はカッコの外側についていた否定が内側に入りました。次に，「かつ」$\wedge$ が「または」$\vee$ に置き換わりました。

次に，「x は 1 から 3 までの自然数ではない」という数文について考えてみましょう。この数文は次のように訳すことができますね。

$$\neg(x=1 \lor x=2 \lor x=3)$$

これは，どういう意味でしょうか。もちろん，「x は 1 でも 2 でも 3 でもない」という意味です。つまり，上の数文は次の数文と同値になるのです。

$$x \neq 1 \land x \neq 2 \land x \neq 3$$

2 つの数文を見比べてみます。最初はカッコの外側についていた否定が内側に入りました。次に，「または」$\lor$ が「かつ」$\land$ に置き換わりました。つまり，否定を介して，「かつ」と「または」は**対**の関係にあるのです。

まとめてみましょう。A, B を命題とすると，「否定」「かつ」「または」の間には次のような関係が成り立っているのです。

法則 ド＝モルガンの法則①

$\neg(A \land B)$ は $(\neg A \lor \neg B)$ と同値。

$\neg(A \lor B)$ は $(\neg A \land \neg B)$ と同値。

この 2 つの性質を**ド＝モルガンの法則**とよびます。

たとえば，「（(A かつ B) ではなく，しかも，(D ではないか，C になる））わけではない」という和文がいったいどのような意味をもつのか，言葉から理解するのは至難の業ですね。けれども，二重否定の法則とド＝モルガンの法則を使えば，機械的に変形することが可能です。

$$\begin{aligned}
\neg(\neg(A\wedge B)\wedge(\neg D\vee C)) &\leftrightarrow \neg\neg(A\wedge B)\vee\neg(\neg D\vee C)\\
&\leftrightarrow (A\wedge B)\vee(\neg\neg D\wedge\neg C)\\
&\leftrightarrow (A\wedge B)\vee(D\wedge\neg C)\\
&\leftrightarrow (A\wedge B)\vee(\neg C\wedge D)
\end{aligned}$$

　先ほどの文は，「A かつ B である，あるいは，C ではないが D である」という文と同値であることがわかりました。これならば，なんとか意味が通じるでしょう。

　ド=モルガンの法則も証明をする上で非常に大きな推進力になります。「A でも B でもない」ということを証明するとき，そのまま考えると，「A ではない」ということを証明し，さらに「B ではない」ことを証明することになりますね。ですが，ド=モルガンの法則によれば，「A または B が成り立つと仮定すると矛盾が起こる」という証明方法でもかまわないわけです。ド=モルガンの法則を知っていることで，証明方法のバリエーションが広がるのです。

　「または」と「かつ」をそれぞれ連ねた場合のド=モルガンの法則も一緒に覚えておくと便利です。

> **法則** ド=モルガンの法則②
> 　$\neg(A_1\vee A_2\vee\cdots\vee A_n)$ と $(\neg A_1\wedge\neg A_2\wedge\cdots\wedge\neg A_n)$ は同値。
> 　$\neg(A_1\wedge A_2\wedge\cdots\wedge A_n)$ と $(\neg A_1\vee\neg A_2\vee\cdots\vee\neg A_n)$ は同値。

　これが $\vee$（$\wedge$）が複数連なったときの**ド=モルガンの法則**です。
　では，実際にド=モルガンの法則を使って例題を解いてみましょう。

例題 3.3.3 「どんな 2 つの奇数の積も奇数になる」ことを証明せよ。

まず,この問題をごく自然に解いてみます。

> x, y を奇数とする。
> もし xy が偶数なら,x または y の少なくとも一方は 2 で割り切れなければならない。これは x, y が奇数,という前提に反する。
> よって,xy は奇数である。　　　　　　　　　　　　　　❖

この解法には背理法が使われている,ということに気づきましたか？

「もし xy が偶数なら」という部分が背理法の仮定です。では,矛盾はどこで起こったでしょうか。

そうです。「x または y の少なくとも一方は 2 で割り切れる」ということと「x, y が奇数である」ということの間に矛盾が起こったのですね。

実は,ド=モルガンの法則は,まさにこの部分で使われていたのです。

「x または y の少なくとも一方は 2 で割り切れる」という和文を数訳すると次のようになります。

$$2|x \ \lor \ 2|y \tag{3.16}$$

一方,「x, y はともに奇数」という和文を数訳すると,次のようになります。

$$2\nmid x \ \land \ 2\nmid y \tag{3.17}$$

命題 (3.17) はド=モルガンの法則を使うと,次のように書き換えられます。

$$\neg(2|x \lor 2|y) \tag{3.18}$$

命題 (3.18) は命題 (3.16) の否定であることがわかります。ですから,命題 (3.16) と命題 (3.17) は矛盾している,ということがわかるのです。

数学の証明を細かくチェックしていくと，いたるところでド＝モルガンの法則が（無意識に）使われていることがわかります。つまり，それくらい私たちにとっては自然な法則だ，ということなのです。

ところで，「すべて」の意味の説明のところで，有限の対象領域における「すべて」が，「かつ」の連なりに等しいことを述べました。同様に，有限の対象領域における「存在する」は，「または」の連なりに等しいのでしたね。

このことから，「すべて」と「存在」の間にもド＝モルガンの法則が成り立つであろうことが予想できます。

これを**量化子に関するド＝モルガンの法則**とよびます。

> **法則** 量化子に関するド＝モルガンの法則
> $\forall x \neg P(x)$ と $\neg(\exists x\, P(x))$ は同値。
> $\exists x \neg P(x)$ と $\neg(\forall x\, P(x))$ は同値。

この節の冒頭で引用した『叶 恭子の知のジュエリー12ヵ月』で使われているのも，量化子に関するド＝モルガンの法則ですね。

ド＝モルガンの法則を用いて，私たちは論理を展開することができます。たとえば「どんな星にも宇宙人は住んでいない」と主張する人たちに対して，あなたは「地球は星だが，地球には人類が住んでいる。よって，あなたの主張は正しくない」と反駁することができるでしょう。これなどはまさに

$$\forall x (x \text{ は星である} \longrightarrow \neg(x \text{ に宇宙人は住んでいる}))$$

という命題と

$$\neg(\exists x (x \text{ は星である} \land x \text{ に宇宙人が住んでいる}))$$

が同値である，というド＝モルガンの法則をうまく使っている例です。

量化子に関するド＝モルガンの法則を導入することで，私たちはまた新た

な証明の手法を手に入れたことになります。

> $\exists x\, P(x)$ という命題を証明するには，
> 　　　$\forall x\, \neg P(x)$ であると仮定して，矛盾を導けばよい。
> $\forall x\, P(x)$ という命題を証明するには，
> 　　　$\exists x\, \neg P(x)$ であると仮定して，矛盾を導けばよい。

実際にこの手法を使って証明をしてみましょう。

定理 3.1
n, m が互いに素であるような自然数ならば
$$an + bm = 1$$
を満たすような $a, b \in \mathbb{Z}$ が存在する。

補題

集合 I を次のように定義する。
$$I = \{an + bm \mid a, b \in \mathbb{Z}\}$$
集合 I は次の性質を満たす。

1. $x, y \in I \quad \longrightarrow \quad x + y \in I$
2. $x \in I \land k \in \mathbb{Z} \quad \longrightarrow \quad kx \in I$
3. $n, m \in I$

補題の証明

1. $x, y \in I$ とする。このとき，ある $a_1, a_2, b_1, b_2 \in \mathbb{Z}$ が存在して，$x = a_1 n + b_1 m$ かつ $y = a_2 n + b_2 m$ とあらわされる。
$$x + y = (a_1 n + b_1 m) + (a_2 n + b_2 m)$$
$$= (a_1 + a_2) n + (b_1 + b_2) m$$
よって，$x + y \in I$ である。

2. $x \in I$ とする。このとき，ある $a, b \in \mathbb{Z}$ が存在して，$x = an + bm$ とあらわされる。
$$kx = k(an + bm)$$
$$= (ka) n + (kb) m$$
よって，$kx \in I$ である。

3. $n = 1 \cdot n + 0 \cdot m$ とあらわせ，$m = 0 \cdot n + 1 \cdot m$ とあらわせる。よって，$n, m \in I$ である。 ❖

定理3.1の証明

ここで，d を I の正の最小の要素とおく。ここで，背理法のために，$d \neq 1$ であると仮定しよう。n, m は互いに素であるから，d は n, m いずれかの約数ではない。どちらでも同じことなので，d が n の約数ではない，としよう。このとき，次のような自然数 k, r が存在する。
$$n = kd + r \ \wedge \ 0 < r < d$$
(k は n を d で割った商。r はその余り)

この式を次のように変形する。
$$n = kd + r$$
$$r = n - kd$$
$$r = n + (-k)d$$
$d \in I$ より，$(-k)d \in I$ である。$n \in I$ かつ $(-k)d \in I$ より，$r \in I$ である。しかし，$r < d$ かつ $r \in I$ であることは，d が I の最小の正の要素である仮

定に反する。

矛盾。よって，$d=1$ である。つまり，$an+bm=1$ となるような $a,b\in\mathbb{Z}$ が存在する。　　　　　　　　　　　　　　　　　　　　　　　❖

　定理3.1では，$an+bm=1$ となる a,b が存在しない，と仮定することから，矛盾を導き，その結果，$an+bm=1$ を成り立たせるような a,b が（どこかに）存在することを証明しました。そこにド＝モルガンの法則が使われています。

　この証明は，実数とは何かを論理的に定義することにはじめて成功した数学者，デーデキントによるものです。ただし，この証明からは，$an+bm=1$ を成り立たせる a,b の証拠を構成することは（少なくとも直接的には）できません。このようなタイプの証明を**非構成的な証明**とよびます。

　ただし，工夫をすればこの証明から $an+bm=1$ を成り立たせるような a,b を構成することも可能です[6]。$n=7$，$m=5$ とおいて試してみましょう。

　まずは，I の 3 番目の性質から $7,5\in I$ であることがわかっていますから，5 が I の最小の正の要素だと仮定してみます。すると，$7=5k+r \wedge 0<r<5$ となるような k,r が存在します。もちろん，$k=1$，$r=2$ ですね。このとき，デーデキントの証明によれば，$2\in I$ が成り立ちます。こうして，5 よりも小さな I の正の要素が見つかりました。

　では，2 が I の最小の正の要素でしょうか。確かめるために，$7=2k+r \wedge 0<r<2$ なる k,r を探します。すると，$k=3$，$r=1$ となるでしょう。ふたたびデーデキントの証明から，$1\in I$ だということがわかります。以上のことから逆にたどると，a,b の値を計算することができるのです。

$$7=2\times 3+1$$
$$7-2\times 3=1$$
$$7-(7-5)\times 3=1 \qquad (7=5+2\ より)$$

6）あくまでこの場合であり，常に非構成的な証明から構成的な証明を抽出できるわけではない。

$$-2 \times 7 + 3 \times 5 = 1$$

このことから，$a=-2$，$b=3$ とおけば，$7a+5b=1$ が成り立つことがわかりました。

この計算法はユークリッドの互除法とよばれていて，古代ギリシャから知られている定理3.1の**構成的な証明**です。

以上で，**各論理記号の意味と，その証明方法についての解説が終わり**ました。

いいですか。ここを「ふんふん」と読み流してはいけませんよ。これにはとんでもなく深い意味があるのです。

(1) 数学の命題は，対象とその間の基本関係，そして論理結合子で成り立っている。
(2) 基本関係は定義されている。よって，対象間の基本関係が成り立っているかどうかは，定義に基づいて真偽が決定される。
(3) 論理結合子の形によって，どんな証明をすべきか決まる。

数学で最もむずかしいのが，証明問題だといわれます。が，上の3項目を見ると，命題にあらわれている論理結合子に従えば，「機械的に」証明できるように読めます。だとしたら，こんなに楽なことはありません。

さて，これは本当でしょうか？

答えは，半分本当で，半分嘘です。「半分嘘」と聞いて，「やっぱりな，そんなうまい話があるわけないと思った」とがっかりした読者も多いことでしょう。ですが，そうがっかりすることもありません。

確かに，数学者が取り組んでいるような問題は，もちろん機械的になど解けない問題ばかりです。だからこそ，ポアンカレ予想が正しいことを証明したペレルマンは偉大なわけですね。一方，高校の教科書の問題の多くが機械的に解くことができる，というのもまぎれもない事実です。さらにいえば，多くの理系大学生がつまずく，集合や位相，線形代数の基本問題などは，7割以上が機械的な証明ができるものなのです。むずかしい受験数学を乗り越えてきたにもかかわらず，数訳と論理記号に従った素直な証明のテクニックをもたないばかりに多くの大学生が脱落しているのです。このことについては，CHAPTER 7 の数学の作文以降の章で詳しく述べることにしましょう。

CHAPTER 4
数文和訳

4.1 なぜ数学教科書の日本語は難解か

　数学の教科書，特に高校以上のそれには，ほかでは絶対にお目にかかれないような変な日本語が並んでいる，という不満をもつ人が少なくないでしょう。

　たとえば，次のような文です。

---

　x が a から $a+h$ まで変わるときの関数 $y=f(x)$ の平均変化率

$$\frac{f(a+h)-f(a)}{h}$$

において，h を限りなく 0 に近づけたとき，この平均変化率がある値に限りなく近づくならば，その極限値を

　　　　　関数 $y=f(x)$ の $x=a$ における微分係数

といい，$f'(a)$ で表す。

（東京書籍『数学 II』より）

　頭がくらくらしてきますね。2, 3 回読んだだけでは，どこが主語でどこが述語かさえわかりません。

　数学の文が不自然でむずかしいのが，書き手である数学者の日本語のセンスのなさの問題なら，数学の文など「鍛冶屋にやって，ハンマーでたたきこわしてもらえ」ばよいでしょう。ですが，問題はそんなに簡単ではないのです。

　なぜなら，数学の文が不自然であることの責任の大半は，書き手ではなく日本語の側にあるからです。

数学を和文で表現するときに，最初にトラブルに陥るのが，否定をどのように表現するか，という問題です。次の和文を読んでみてください。

$$A ならば B ではない。$$

この文は，2つの解釈があります。ひとつは「(A ならば B）ではない」。数文であらわすと，$\neg(A \longrightarrow B)$ です。もうひとつは「A ならば（B ではない)」。数文であらわすと，$A \longrightarrow \neg B$ となります。この2つはまったく異なる意味をもちますが，和文であらわそうとすると，どちらも同じ文になってしまうのです。

和文の否定は文の最後尾につきます。「～ではない」という形式です。すると，直前の語を否定しているのか，文全体を否定しているのか，別の語や句読点を補わない限り区別がつかなくなります。論理結合子が複雑に入り組んでいる「(A ならば，B ではなく，かつ C である）ことはない」のような文を，自然に和文表現するなど不可能といってよいでしょう。

より深刻な問題は量化子の扱いです。

まずは，次の2つの数文を見比べてください。

▶ $\forall x \exists y (y = 2^x)$ (4.1)
▶ $\exists y \forall x (y = 2^x)$ (4.2)

最初に命題(4.1)を和訳してみましょう。「どんな x に対しても $y=2^x$ となる y が存在する」となったでしょうか。では，命題(4.2)のほうはどうでしょう。「どんな x に対しても $y=2^x$ となる y が存在する」？……これでは，(4.1)の和訳と変わりません。だとすると，この2つの命題は同じ意味なのでしょうか。

いいえ。この2つはまったく異なる意味をもっているのです。

まずは，命題(4.1)の意味を考えてみましょう。この文の先頭は $\forall x$ です。堅苦しく書くと，「任意の x に対して，以下のことが成り立つ」となります。範囲が x_1, x_2 という2つの対象で構成されていたなら，「x_1, x_2 それぞれについて」と言い換えることができるでしょう。そうした任意の x に対して $y=2^x$ となる y が存在する，とは，x_1 に対しては $y_1=2^{x_1}$ となる y_1 が，x_2 に対しても同様に $y_2=2^{x_2}$ となる y_2 が存在する，ということを意味しています。英語では，"For all x, there exists y such that $2^x=y$" に相当します。この状況をなるべく正確に和訳すると，「任意の（それぞれの）x に対して，$y=2^x$ となるような y が存在する」となるでしょう。図として表現

図4.1

$\forall x\, \exists y\, (y=2^x)$

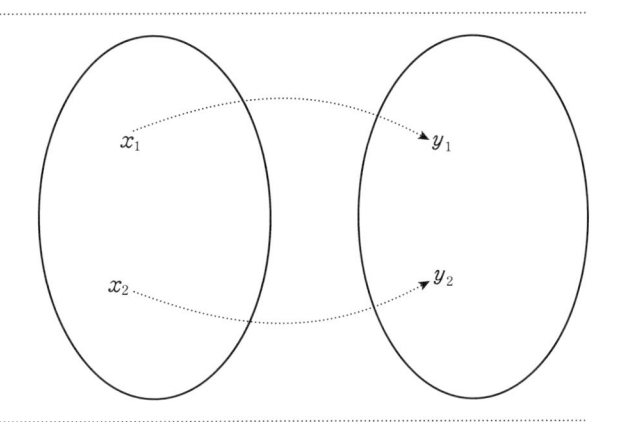

図4.2

$\exists y\, \forall x\, (y=2^x)$

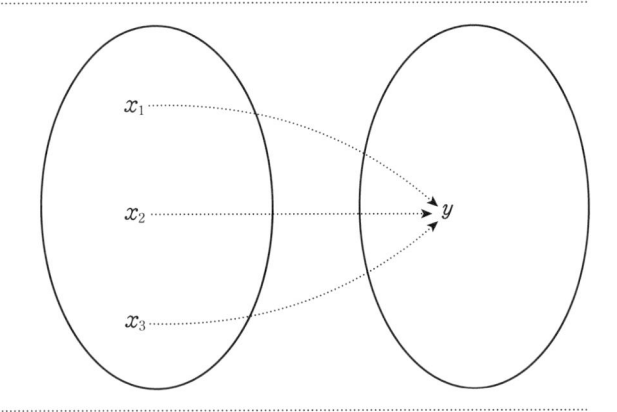

すると**図4.1**のようになります。

　それに対して，命題(4.2)の先頭は $\exists y$ です。堅苦しく書くと，「ある y が存在して，以下のことが成り立つ」となります。どのようなことが成り立つかというと，$\forall x(y=2^x)$，つまり「どの x に対しても，$y=2^x$」が成り立つのです。範囲が x_1, x_2, x_3 という3つの対象で構成されていたなら，2^{x_1} も 2^{x_2} も 2^{x_3} もそろって y に等しくなる，という意味です。英語では，"There exists y such that for all x, $y=2^x$" に相当します。この状況をなるべく正確に和訳すると，「ある y が存在して，どの x に対しても $y=2^x$ が成り立つ」でしょうか。図として表現すると**図4.2**のようになります。

　図でも英語でもちがいがわかるのに，和文だとどうもちがいがあやふやになってしまうのはなぜでしょう。それは，$\forall$ に相当する語，「すべての」「どんな」「任意の」「いつも」，は対象の直前につくのに対して，$\exists$ に相当する語「ある」「存在する」は文の最後につく語であるためです。$\forall$ を対象の前に，$\exists$ を文末につけると $\forall$ と $\exists$ の順序がどうなっているのか読みとれないのです。

　ですから，$\exists y \forall x(y=2^x)$ のように $\exists$ が先，$\forall$ があとにくる数文を和訳する際には，不自然な日本語になるのは承知の上で「ある y が存在して，どの x に対しても $y=2^x$ が成り立つ」というように和訳する以外にはありません。

　こんな説明を読むと，なかには「不自然な日本語を無理に使わないと表現できない現象など，ごくごく例外的なものなのではないか。ここまで複雑な数学の表現は必要ないのではないか」と考える人もいるかもしれません。

　ところが，そうはいきません。

　冒頭にあげた『数学II』の教科書からの抜粋は，微分係数の定義です。微分係数とは，大ざっぱに言うと「あっという間の変化率」のことです。加速

度など，瞬間的な変化はすべて微分係数なしに説明することができません。そして，動物も含めて，私たちは五感を使って，微分係数で説明される微細な世界をクリアに把握しています。私たちの必要に基づいて，私たちの真の感覚にマッチするように物事をクリアに説明しようとしたとき，自然言語は圧倒的に貧弱だと言わざるをえないのです。

　記述しなければならないありふれた現実の複雑さと，自然な文章で表現できる範囲，そのギャップがどうしようもない形で出現するのが高校の数学教科書というわけです。

　やさしい言葉だけでわかりやすく伝えられたら，どんなによいかしれません。なるべくやさしい言葉だけで伝えられるよう私たち数学者は最大限の努力を払うべきでしょう。ですが，それにはどうしても限界があるのです。これは何も数学だけの悩みではありません。経済学や哲学，さらに文学でも同じ悩みを抱えています。

　　わたしはむずかしいことばがきらいだ。
　　むずかしいことばで書かれたものを読むと，とても悲しくなる。なかなか
　　わからないのだ。

　　むずかしいことばがきらいなのに，わたしもまた時々むずかしいことばを
　　使う。本当に悲しい。
　　　　　　　　　　　　　　（高橋源一郎『さようなら，ギャングたち』より）

　数学的な記述法はこの「読みづらさ」を少しでも解消するために数学の五千年の歴史の中で発明されてきたものです。その努力によって，数学の記述力は飛躍的に増大しました。ただし，今度はその数文を正確に読み解く技能が求められるようになったのです。

　この章では大学で数学を学ぶ準備として，数文の読み解きに挑戦してみましょう。

4.2 グラフのちがいを数文で表現する

　教科書にはいろいろな関数が登場しますね。よく知られているものに，1次関数や2次関数，正弦関数や対数関数などがあります。これらの関数をグラフにしてみると，同じ関数でもずいぶんちがう形をしているのがわかります。みなさんはそのちがいをどんなふうに表現しているでしょうか。「まっすぐの形」「波のような形」などと表現していませんか？

　この節では，グラフのちがいをクリアに表現するための練習をしてみましょう。

　図 4.3 は 1 次関数 $f(x)=x$，2 次関数 $f(x)=x^2$，対数関数 $f(x)=\log x$ をグラフであらわした様子です。

図 4.3

1 次関数 $f(x)=x$
2 次関数 $f(x)=x^2$
対数関数 $f(x)=\log x$

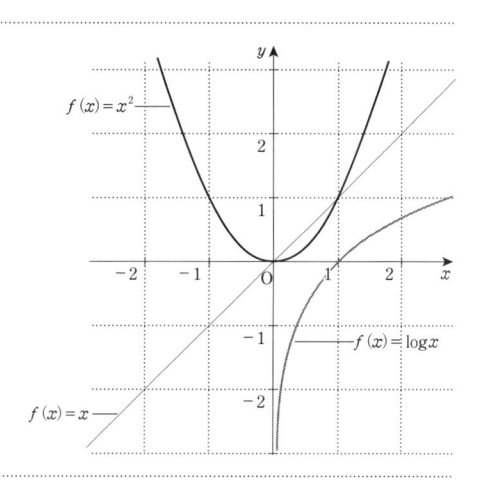

　まず気づくのは，$f(x)=\log x$ のグラフが方眼紙の右半分にしかあらわれていないことです。これは何と表現すればよいでしょう。

　　　　「$f(x)=\log x$ は，x が正のときのみ定義される」

と表現できますね。一方，$f(x)=x$ や $f(x)=x^2$ は「すべての実数に対して定義されて」います。

「すべての実数に対して，$f(x)$ が定義されている」ということを数文であらわすにはどうしたらよいでしょう。

「すべての x に対して，$f(x)$ が定義されている」とは，「すべての x に対して，$y=f(x)$ となる y が存在する」ことにほかなりません。よって，これを数訳すると次のようになります。

$$\forall x \ \exists y \bigl(f(x)=y\bigr) \tag{4.3}$$

つまり，$f(x)=x$ と $f(x)=x^2$ は式(4.3)の性質を満たすのに対し，$f(x)=\log x$ は満たさない，ということになります。

3つのグラフのちがいはこれだけではありません。

$f(x)=x^2$ のグラフは方眼紙の上半分にしかあらわれていませんね。これはなんと表現すればよいでしょう。

「$f(x)=x^2$ の値は常に非負である」と表現できましたか？

一方，$f(x)=x$ や $f(x)=\log x$ は正負両方の値をとります。それだけでなく，任意の実数 y に対して，$y=f(x)$ となるような x を見つけることができます。

「任意の y に対して，$y=f(x)$ となるような x を見つけることができる」

ことを数文で表現するとどうなるでしょう。

$$\forall y \ \exists x \bigl(f(x)=y\bigr) \tag{4.4}$$

このように書けたでしょうか。

$f(x)=x$ と $f(x)=\log x$ は式(4.4)の性質を満たすのに対し，$f(x)=x^2$ は満たさないのです。

式(4.3)と式(4.4)はそっくりですが，x と y のあらわれる場所が入れ替わっていることに，ぜひ注意してください。

他に性質のちがいはありませんか。

$f(x)=x^2$ では右下がりのグラフが $x=0$ で反転し，右上がりになります。そのせいで，$x^2=c$ は $c \neq 0$ のとき 2 つの異なる解をもちます。一方，$f(x)=x$ や $f(x)=\log x$ のグラフは常に右上がりです。よって，どんな c についても，$f(x)=c$ が 2 つの異なる解をもつことはありません。より正確には，「$x \neq x'$ ならば，$f(x) \neq f(x')$ である」と表現できるでしょう。これを数文に翻訳してみます。

$$\forall x \ \forall x' \bigl(x \neq x' \longrightarrow f(x) \neq f(x')\bigr) \tag{4.5}$$

対偶をとると次のようにもあらわすことができますね。

$$\forall x \ \forall x' \bigl(f(x)=f(x') \longrightarrow x=x'\bigr) \tag{4.6}$$

つまり，$f(x)=x$ と $f(x)=\log x$ は式 (4.5)(4.6) を満たすのに対し，$f(x)=x^2$ は満たさない，ということです。

以上をまとめると次のようになります。

1 次関数 $f(x)=x$ は式 (4.3)(4.4)(4.5)(4.6) をすべて満たしますが，2 次関数 $f(x)=x^2$ は式 (4.3) しか満たしません。対数関数 $f(x)=\log x$ は式 (4.4)(4.5)(4.6) を満たします。

正式には，式 (4.3) を満たす関数だけを関数とよび，一部の領域のみで定義されているような関数は**部分関数**とよんで区別します。式 (4.4) を満たすような関数を**全射**とよびます。式 (4.5)(4.6) を満たすような関数を**単射**とよびます。

- 1 次関数 $f(x)=x$ は関数であり，単射で全射。
- 2 次関数 $f(x)=x^2$ は関数だが，単射でも全射でもない。
- 対数関数 $f(x)=\log x$ は $0<x$ で定義される部分関数であり，$0<x$ においては単射でかつ全射。

こんなふうに関数の性質をまとめることができると，問題を解く上でおおいに役に立ちます。

例題 4.2.1 以下の f は実数上全域で定義されている関数だろうか。また，全射あるいは単射だろうか。判断の根拠も述べよ。

1．$f(x) = \dfrac{1}{x}$
2．$f(x) = x^3 - x$
3．$f(x) = \sin x$

1．$f(x) = \dfrac{1}{x}$ とは，「x にかけあわせるとちょうど 1 になるような数 y」を求める関数ですね。これはすべての実数の上で定義されているでしょうか。

$x = 0$ のとき，どんな数をかけあわせても 1 にはなりません。数文であらわすと

$$\forall y \left(y \neq \dfrac{1}{0} \right)$$

です。よって，$f(x) = \dfrac{1}{x}$ は実数全域で定義されているわけではなく，部分関数だということになります。

同様に，等式 $0 = \dfrac{1}{x}$ を満たすような x は実数上に存在しません。つまり，

$$\neg \exists x \left(0 = \dfrac{1}{x} \right)$$

です。よって，$f(x) = \dfrac{1}{x}$ は全射ではありません。

最後に単射かどうか検討してみましょう。等式 $f(x) = f(x')$ が成り立つとしましょう。すると，次のことがわかります。

$\dfrac{1}{x} = \dfrac{1}{x'}$ （$xx' \neq 0$ なので，両辺に xx' をかける）
$x' = x$

130

つまり，
$$\forall x \forall x'\left(\frac{1}{x}=\frac{1}{x'} \longrightarrow x=x'\right)$$
が成り立ちます．よって，$f(x)=\frac{1}{x}$ は単射です．

2. $f(x)=x^3-x$ はどんな実数 x に対しても定義されています．よって，これは関数です．

まずは $f(x)=x^3-x$ がどのような形状をしているか，グラフにしてみましょう．x^3-x を因数分解してみます．
$$x^3-x=x(x^2-1)$$
$$=x(x+1)(x-1)$$
関数 $f(x)=x^3-x$ は $x=-1,0,1$ で x 軸と交わることがわかりました．微分して極大値と極小値も調べておきましょう．
$$f'(x)=3x^2-1$$
$$=3\left(x^2-\frac{1}{3}\right)$$
$$=3\left(x+\frac{\sqrt{3}}{3}\right)\left(x-\frac{\sqrt{3}}{3}\right)$$
$x=-\frac{\sqrt{3}}{3}$ で極大値を，$x=\frac{\sqrt{3}}{3}$ で極小値をとることがわかりました．

図 4.4

$f(x)=x^3-x$

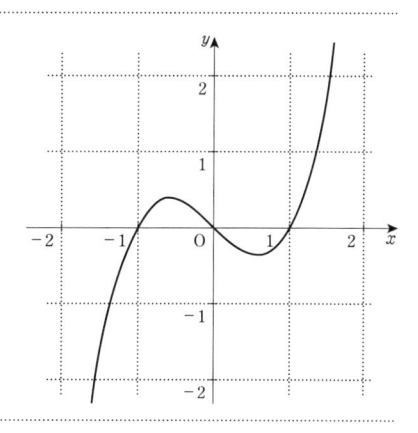

よって，グラフは上のような形になります。

まず，$x=-1, 0, 1$ の 3 か所で値 0 をとりますから，$f(x)=x^3-x$ が単射でないことはすぐにわかります。

また，グラフの形から全射になっていそうだということが予測できますね。具体的には，x が負の方向に限りなく大きくなるとき，$f(x)$ の値も負の方向に限りなく大きくなること，x が正の方向に限りなく大きくなるとき，$f(x)$ の値も正の方向に限りなく大きくなること，さらには $f(x)$ がどの点 x でも連続であること，という 3 つの事実からわかります[1]。

3．定義から，$f(x)=\sin x$ の x は単位円の中心角の大きさを示しています。また，基準点から時計と逆回りの角度を正，時計回りの角度を負としていますから，すべての実数 x について定義されていることがわかります。よって，$f(x)=\sin x$ は関数です。ふたたび定義から，$f(x)=\sin x$ の値は，-1 より小さくならず，1 より大きくもなりません。たとえば，$f(x)=\sin x=2$ を満たすような x は存在しません。よって，$f(x)=\sin x$ は全射ではありません。

さらに，$f(x)=\sin x$ は 2π（360度）ごとに値を繰り返しますから，単射でもありません。たとえば，$f(0)=f(2\pi)=0$ が成り立ちます（度数法の場合，$f(0°)=f(360°)=0$）。　　　　　　❖

例題 4.2.2 次の数文で定義されている数学的概念は何か。また，その概念が成り立つ例と成り立たない例をあげよ。

1．$\forall x \left(f(x) \leq M \right)$
2．$\exists y \forall x \left(f(x) \leq y \right)$
3．$\forall x \forall y \left(x < y \longrightarrow f(x) \leq f(y) \right)$

---

[1] カルダノによる 3 次方程式の解の公式を使うことによって，与えられた値 y から x を求めることができる。

最初の文を和訳してみましょう。すると，

$$\text{すべての } x \text{ について，} f(x) \leq M \text{ が成り立つ。}$$

となります。意訳すると，$f(x)$ は決して M を超えることはない，となります。図 **4.5** は $y=1$ と $y=-2^x$ のグラフです。$y=-2^x$ の値は常に負ですから，1 を超えることはありません。よって，$M=1$ とおくと，

$$\forall x \, (-2^x \leq M)$$

が成り立ちます。

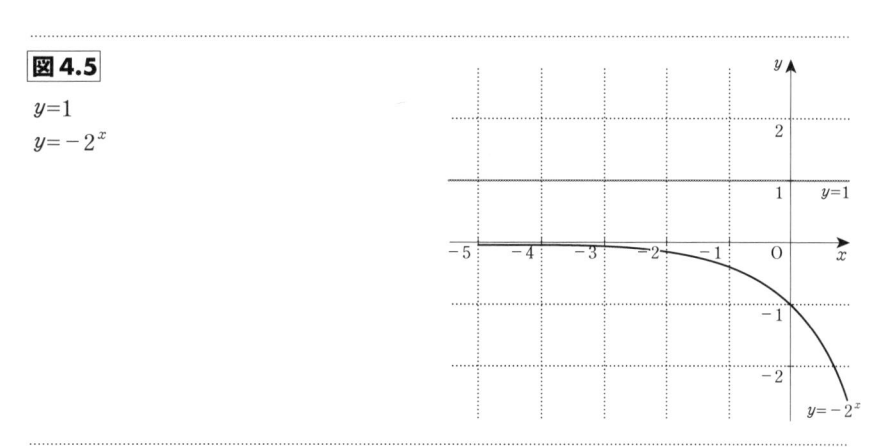

図4.5
$y=1$
$y=-2^x$

第2の文は，第1の文にあらわれる M を変数 y に置き換え，「存在する」の論理記号で束縛したものです。つまり，何かしら値 y があり，$f(x)$ は決して y を超えることはない，という意味です。このようなとき，数学では「$f(x)$ は**上に有界**」といいます。定義としてあらわしておきましょう。

定義 4.1

ある M が存在し，任意の x について，
$$f(x) \leq M$$
が成り立つとき，$f(x)$ は**上に有界**である，という。また，ある N が存在し，任意の x について，
$$N \leq f(x)$$
が成り立つとき，$f(x)$ は**下に有界**である，という。

三角関数 $f(x)=\sin x$ は上にも下にも有界な関数の例です。なぜなら，$-1 \leq \sin x \leq 1$ が成り立つからです。一方，$f(x)=\tan x$ は上にも下にも有界ではありませんね。

最後の文はどうでしょう。直訳すると「任意の x, y について，$x<y$ ならば，$f(x) \leq f(y)$ が成り立つ」となります。意訳すると，「x が大きくなればなるほど，$f(x)$ は大きくなる」ということになります。このようなとき，数学では「$f(x)$ は**単調増加**」といいます。$f(x)=2x$ などが単調増加な関数の例です。一方，$f(x)=x^2$ は単調増加ではありません。 ❖

こちらも定義としてまとめておきましょう。

定義 4.2

任意の x, y について，
$$x<y \quad \text{ならば} \quad f(x) \leq f(y)$$
が成り立つとき，$f(x)$ は**単調増加**である，という。また，任意の x, y について，
$$x<y \quad \text{ならば} \quad f(x) \geq f(y)$$
が成り立つとき，$f(x)$ は**単調減少**である，という。

では，例題4.2.2を応用して，数文で定義してみましょう。

例題 4.2.3 次の定義を数文であらわせ。

1．関数 $f(x)$ は下に有界である。
2．関数 $f(x)$ は単調減少である。

【答】1．$\exists y \forall x \left(f(x) \geqq y \right)$
　　　2．$\forall x \forall y \left(x < y \longrightarrow f(x) \geqq f(y) \right)$ ❖

迷わずに書けたでしょうか。こんなふうに数文でノートがとれるようになると，「高校生とはちがうぞ」という気がしてきますね。

4.3 イプシロン-デルタ論法

次は，もう一段階複雑な数文の読解にチャレンジです。今度は量化子が3つ登場します。

例題 4.3.1 次の数文を読解せよ。この数文が意味している数学用語は何か。ただし，n, m は自然数をあらわし，それ以外の変数は実数をあらわすと仮定する。

1. $\forall \varepsilon > 0 \; \exists n \; \forall m (n < m \longrightarrow |a_m - a| < \varepsilon)$
2. $\forall \varepsilon > 0 \; \exists \delta > 0 \; \forall x (0 < |x - a| < \delta \longrightarrow |f(x) - b| < \varepsilon)$

突然，ギリシャ小文字の ε (イプシロン) や δ (デルタ) が登場して驚いた読者も少なくないでしょう。この2つの文字は伝統的に「非常に小さな正の値」をあらわす変数として大学以降の数学の本にひんぱんに登場する文字です。もちろん，ε や δ ではなく，これまで同様に x, y あるいは h などを使ってもかまいません。

1. 最初の文を直訳すると，「任意の正の値 ε に対して，ある自然数 n が存在し，それよりも大きな自然数 m について，$|a_m - a| < \varepsilon$ が成り立つ」ということになります。どうも，$\{a_n\}$ というのは数列のようですね。ε がとても小さな数だとイメージすると，この文は次のように意訳できるでしょう。「m を十分に大きくとると，a_m の値は a に非常に近くなる」つまり，この数文は「数列 $\{a_n\}$ が a に**収束する**」ことを表現したものなのです。

   実際に数列 $a_n = \dfrac{1}{2^n}$ を使って，確かめてみましょう。まず $\varepsilon = \dfrac{1}{100}$

とおいてみます。すると，$\frac{1}{2}, \frac{1}{2^2}, \cdots, \frac{1}{2^6}$ までは，$\frac{1}{100} < |a_m - 0|$ ですが，$7 \leq m$ では，$|a_m - 0| < \frac{1}{100}$ になります。ε をどんどん小さくしても，それが正である限り，十分に大きな n と m については，$|a_m - 0| < \varepsilon$ が成り立つことがわかります。

2．この数文も1の数文とよく似た構造をしています。直訳すると，「任意の正の値 ε に対して，ある正の値 δ が存在し，どんな実数 x についても，$0 < |x - a| < \delta$ ならば，$|f(x) - b| < \varepsilon$ が成り立つ」ということになります。δ, ε をともに非常に小さな値だとイメージすると，次のように意訳できるでしょう。「a のすぐそばでは，$f(x)$ の値は b に非常に近くなる」。

実は，この数文，「$f(x)$ の a における**極限**は b である」ことを表現したものなのです。高校の教科書では，

$$\lim_{x \to a} f(x) = b$$

とあらわされていますね。

実際に $f(x) = x^2$，$a = 1$，$b = 1$ として，確かめてみましょう。$\varepsilon = \frac{1}{2}$ とおきます。すると，$0.5 < 0.8^2 < 1 < 1.2^2 < 1.5$ であることから，$|x - 1| < 0.2$ ならば $|x^2 - 1| < \frac{1}{2}$ が成り立つことがわかります。つまり，

$$\forall x (0 < |x - a| < \delta \longrightarrow |f(x) - b| < \varepsilon)$$

が成り立つのです。 ❖

例題4.3.1のように，非常に小さな正の数 ε に対応して，やはり小さな正の数 δ が存在することを使って数学の現象を表現することを**イプシロン-デルタ論法**とよび，ε-δ 論法などとあらわします。ε-δ 論法は19世紀コーシーによって導入され，ワイエルシュトラウスによって確立された，といわれています。この論法の発明によって，それまで経験的・感覚的にとらえられていた実数の性質を，正確に記述することが可能になったのです。

ε-δ 論法を使いこなすには，ε と δ の間の依存関係に注意を払う必要があります。「x が a の近くでは，$f(x)$ は $f(a)$ に非常に近くなる」と日本語で書くと，「x が a の近く」と「$f(x)$ が $f(a)$ の近く」の間の関係性はよく見えてきません。ですが，「$f(x)$ の $f(a)$ からの距離を ε 以内にするには，x の a からの距離を δ 以内にすればよい」と書くと，δ が ε に依存していることがわかります。ですから，δ に先立って ε が与えられなければならないのです。

ここで，次の例題に進む前に，簡単な定義をしておきましょう。

定義 4.3

a, b を，$a<b$ を満たす 2 つの実数とする。このとき，不等式 $a<x<b$ を満たすような実数全体を (a, b)，不等式 $a \leqq x \leqq b$ を満たす実数全体を $[a, b]$ であらわす。また，$a \leqq x < b$ を満たす実数全体を $[a, b)$，$a < x \leqq b$ を満たす実数全体を $(a, b]$ であらわす。これらを a, b を両端とする**区間**とよぶ。特に，(a, b) を**開区間**，$[a, b]$ を**閉区間**とよぶ。

例題 4.3.2

次の概念を数訳せよ。ただし，関数 f は実数上で定義された関数とする。

1. 数列 $\{a_n\}$ は**収束**する。
2. $\lim_{n \to \infty} a_n = \infty$ （数列 $\{a_n\}$ は（正の無限大に）**発散**する）
3. $\lim_{x \to a} f(x) = \infty$ （f は $x \to a$ のとき，（正の無限大に）**発散**する）
4. $f(x)$ は点 a において**連続**である。
5. $f(x)$ は区間 I において**連続**である。

1. 数列 $\{a_n\}$ がある値 a に収束することは，例題 4.3.1 から以下のように書けることがわかりました。

$$\forall \varepsilon > 0 \; \exists n \; \forall m \, (n < m \longrightarrow |a_m - a| < \varepsilon)$$

一般に数列 $\{a_n\}$ が収束する，とは，何か値 a が存在して，$\{a_n\}$ が a に収束することを意味します。よって，a を x に置き換えた上で量化子∃で束縛しましょう。

$$\exists x \; \forall \varepsilon > 0 \; \exists n \; \forall m \, (n < m \longrightarrow |a_m - x| < \varepsilon)$$

2．問1を参考にすると，$\lim_{n \to \infty} a_n = \infty$ は，

$$\forall \varepsilon > 0 \; \exists n \; \forall m \, (n < m \longrightarrow |a_m - \infty| < \varepsilon)$$

と訳したくなります。が，これは**誤り**です。なぜなら，どんなに大きな数 m を選んだとしても，a_m と無限大∞の差は，無限大でしかありえないからです。

どうすれば，∞を使わずに無限をあらわすことができるのでしょう。このとき，例題3.2.15で「素数は無限に存在する」を数訳した際に用いたテクニックが役に立ちます。

「数列 $\{a_n\}$ は（正の無限大に）発散する」とは，どんなに大きな数 K を考えたとしても，必ずいつか a_n がそれを超えていくことを意味します。「超えていく」とは，ある n があって，それ以降のすべての m について，$K < a_m$ になることです。よって，この文は次のように数訳できるでしょう。

$$\forall K \; \exists n \; \forall m \, (n < m \longrightarrow K < a_m)$$

略記を使って次のようにあらわしてもかまいません。

$$\forall K \; \exists n \; \forall m > n \, (K < a_m)$$

3．$\lim_{x \to a} f(x) = \infty$ とは，x が a に近づけば近づくほど，いくらでも $f(x)$ の値が大きくなることを意味します。

「近づけば近づくほど」という部分は，$0 < |x - a| < \delta$ であらわされましたね。「いくらでも大きくなる」という部分は，先ほどの例同様，どんな値 K よりも $f(x)$ のほうが大きくなる，ということです。これをとりあえず数訳してみましょう。

$$0 < |x - a| < \delta \longrightarrow K < f(x)$$

この性質はどんな x についても成り立つのですから、まずは x を量化子で縛りましょう。

$$\forall x\bigl(0<|x-a|<\delta \longrightarrow K<f(x)\bigr)$$

正解にたどりつくには、K と δ の依存関係を調べて、「どんな量化子で」「どんな順番で」縛ればよいか決める必要があります。「$f(x)$ の値が K を超えるにはどうすればよいか。それは、x の a からの距離を δ 以内にすればよい」と書き直すと、δ が K に依存して決まっていることがわかります。ならば、K, δ の順に束縛すべきでしょう。よって、正解は次のようになりますね。

$$\forall K \; \exists \delta>0 \; \forall x\bigl(0<|x-a|<\delta \longrightarrow K<f(x)\bigr)$$

4．$f(x)$ が $x=a$ において連続であるとは、「$f(x)$ の a における極限が $f(a)$ に一致すること」を意味します[2]。「$f(x)$ の a における極限が $f(a)$ である」ことは、例題4.3.1より、次のようにあらわすことができますね。

$$\forall \varepsilon>0 \; \exists \delta>0 \; \forall x\bigl(|x-a|<\delta \longrightarrow |f(x)-f(a)|<\varepsilon\bigr)$$

5．区間 I において $f(x)$ が連続、とは、区間 I に属する任意の y において、$f(x)$ が連続であることを意味します。つまり、先ほどの問題では定数であった a をさらに $\forall$ で束縛すればよいはずです。

$$\forall y \in I \; \forall \varepsilon>0 \; \exists \delta>0 \; \forall x \in I\bigl(|x-y|<\delta \longrightarrow |f(x)-f(y)|<\varepsilon\bigr)$$

❖

他にも、ε-δ 論法を用いることにより、収束・連続・極限等にかかわる細かい差異を適切に扱うことができるようになりました。これによって、19世紀後半から20世紀にかけて微分積分学は集大成の時をむかえることになるのです。

記述法の発明と数学の発達は不可分な関係にあることを、もう一度心に留めておきましょう。

---

[2] より詳しくは、「$f(x)$ が $x=a$ で定義されており、しかも $f(x)$ の a における極限が $f(a)$ に一致すること」である。よって、$0<|x-a|$ という条件は不要となる。

最後に，この章の冒頭に登場した「微分係数」の定義を数文で書いてみることにします。

例題 4.3.3 次の文章を数文を使ってわかりやすく表現せよ。

「x が a から $a+h$ まで変わるときの関数 $y=f(x)$ の平均変化率
$$\frac{f(a+h)-f(a)}{h}$$
において，h を限りなく 0 に近づけたとき，この平均変化率がある値に限りなく近づくならば，その極限値を
　　　　　関数 $y=f(x)$ の $x=a$ における微分係数
といい，$f'(a)$ であらわす」

まずは，「x が a から $a+h$ まで変わるときの関数 $y=f(x)$ の平均変化率 $\frac{f(a+h)-f(a)}{h}$ において，h を限りなく 0 に近づけたとき，この平均変化率が値 b に限りなく近づく」という部分を数訳しましょう。

$$\forall \varepsilon>0 \ \exists \delta>0 \ \forall h \left(0<|h|<\delta \longrightarrow \left|\frac{f(a+h)-f(a)}{h}-b\right|<\varepsilon\right)$$

このとき，$b=f'(a)$ と定義するわけです。つまり，こうなります。
関数 $f(x)$ の $x=a$ における微分係数 $f'(a)$ が b になる，ということを次の数式によって定義する。

$$\forall \varepsilon>0 \ \exists \delta>0 \ \forall h \left(0<|h|<\delta \longrightarrow \left|\frac{f(a+h)-f(a)}{h}-b\right|<\varepsilon\right) \quad \diamond$$

4.4 微妙な差異を読み解く

19世紀，関数や実数に関する研究が飛躍的に前進するにつれて，数学者はジレンマにさいなまれるようになりました。自然な言語では，数学上の微細な差異を表現しきれない，というジレンマです。つまり，**数学を表現するには，自然言語はあまりに大雑把だった！**のです。

コーシーが $\varepsilon\text{-}\delta$ 論法を導入したのは微分積分学からの要請でした。ただし，その影響は，微分積分学にとどまることなく，数学全体に及ぶようになります。その結果，この本で紹介してきた，数文による表現（**論理式**）が生まれたのです。論理式が導入されることにより，それまで概念として対象とは別格に考えられていたことも，数式で表現ができるようになりました。それは，数や図形と同様に，「証明」や「計算」すらも数学的対象として扱うことができるようになることを意味します。

このことは，予想を超えた結果を人類にもたらすことになります。コンピュータの誕生です。その話については，『計算とは何か』の巻にゆずることにして，ここでは，「数文でなければ表現できないような微細な差異」がいったいどのようなものなのか，例を通じて紹介したいと思います。

まずはこんな例から始めましょう。

例題 4.4.1 第1の命題は第2の命題の必要条件だが，十分条件ではないことを示せ（ただし，対象領域は実数とする）。

1. $\exists M\ \forall x\,(f(x)<M)$
2. $\exists M\ \forall x\,(|f(x)|<M)$

第2の命題は，$\exists M\ \forall x\bigl(f(x)<M\ \wedge\ -M<f(x)\bigr)$ と同値です。よって，

第2の命題が成り立てば最初の命題も成り立ちます。つまり，最初の命題は第2の命題の必要条件になることがわかります。

ただし，その逆は成り立ちません。そのことを示すには，$f(x)=-x^2$ という関数を考えるとよいでしょう。$-x^2$ の値は常に非正ですから，任意の x について $-x^2<1$ が成り立ちます。つまり，上に有界です。

しかし，$|x^2|$ は x を大きくすればするほど限りなく大きくなりますから，第2の命題は満たしません。第2の命題を満たすには，$f(x)=\cos x$ のように上にも下にも有界でなければならないのです。　　　❖

例題4.4.1の2つの文のちがいを，自然な言葉で表現し分けようとするとむずかしいですね。ですが，数学では明らかに大きなちがいです。

例題 4.4.2　次の命題を満たすような関数の例 f をそれぞれ示せ。

1. $\neg\bigl(\forall a\ \forall\varepsilon>0\ \exists\delta>0\ \forall x\ (|x-a|<\delta \longrightarrow |f(x)-f(a)|<\varepsilon)\bigr)$
2. $\forall a\ \neg\bigl(\forall\varepsilon>0\ \exists\delta>0\ \forall x\ (|x-a|<\delta \longrightarrow |f(x)-f(a)|<\varepsilon)\bigr)$

どうでしょう。量化子が入れ子になっていて，めまいがするかもしれません。ですが，あわてずに順序よく読んでいけば必ず読解できます。

1. 例題4.3.2を思い出しましょう。内側の $\forall\varepsilon>0\ \exists\delta>0\ \forall x\ (|x-a|<\delta \longrightarrow |f(x)-f(a)|<\varepsilon)$ の部分は，「f は $x=a$ において連続である」という意味でしたね。ならば，$\bigl(\forall a\ (\forall\varepsilon>0\ \exists\delta>0\ \forall x\ (|x-a|<\delta \longrightarrow |f(x)-f(a)|<\varepsilon))\bigr)$ は，「f は実数上いたるところで連続である」という意味になります。ですが，問題文はそれを否定しているわけです。ということは，問題文全体では「f は連続ではない点をもつ」という意味になります[3]。

    たとえば，次のような関数 $f(x)$ は $x=0$ で不連続ですから，命題を満たします。

3）ここで，「f はいたるところで不連続である」と訳すと大まちがいなので，注意しよう。

$$\begin{cases} f(x)=1 & x>0 \text{ のとき} \\ f(x)=-1 & x\leq 0 \text{ のとき} \end{cases}$$

2．最初の文によく似ていますが，否定がつく場所がちがいます。$(\forall \varepsilon>0 \ \exists \delta>0 \ \forall x(|x-a|<\delta \longrightarrow |f(x)-f(a)|<\varepsilon))$ が「f は $x=a$ において連続である」を意味するところまでは同じです。それに否定がつくと，「f は $x=a$ で不連続である」となります。さらに，a に「すべて」がつきますから，問題文全体では，「f はいたるところで不連続になる」を意味します。　　　❖

ところで，「いたるところで不連続な関数」なんて，存在するのでしょうか。ところどころで不連続なグラフはイメージできますが，「いたるところで不連続」というのはイメージしづらいですね。

ですが，次のようにすれば，確かに構成できるのです。

$$\begin{cases} f(x)=1 & x \text{ が無理数のとき} \\ f(x)=-1 & x \text{ が有理数のとき} \end{cases}$$

数直線上では，どんな短い区間の中でも有理数と無理数が混じって存在しています。よって，上のように f を定義してやれば，f はいたるところで不連続になります。

ただし，このような f は目で見てわかるグラフとしては表現しようがないのです。

例題 4.4.3 以下の 2 つの数文のちがいを調べ，それらが同値かどうか論じよ。

1．$\forall y \ \forall \varepsilon>0 \ \exists \delta>0 \ \forall x(|x-y|<\delta \longrightarrow |f(x)-f(y)|<\varepsilon)$
2．$\forall \varepsilon>0 \ \exists \delta>0 \ \forall y \ \forall x(|x-y|<\delta \longrightarrow |f(x)-f(y)|<\varepsilon)$

2 つとも非常によく似た数文です。どこがちがうかというと，$\forall y$ があらわれる位置がちがうのです。

第 1 の文では，$y, \varepsilon, \delta, x$ の順に，量化子で束縛されています。第 2 の文

では，$\varepsilon, \delta, y, x$ の順となっています。

例題4.4.2で見てきたように，第1の文は「f は実数上いたるところで連続である」ことをあらわしています。では，第2の文は何をあらわしているのでしょう。

第1の文では，δ は最後に登場します。よって，δ は，その前にあらわれるすべての変数 y, ε に依存します。

一方，第2の文では，y は δ よりあとに登場します。これにより，δ は ε だけに依存して決まるということになります。

この2つにいったいどのようなちがいがあるのでしょう。

図 4.6 は $f(x)=2^x$ のグラフです。グラフの形状からすぐに，f が実数上いたるところで連続だということがわかるでしょう。つまり，第1の文を満たします。

ところが，f は第2の文を満たさないのです。なぜそのようなことが起こるのか，検証してみることにしましょう。

たとえば，$\varepsilon = 2^{-1} = \dfrac{1}{2}$ とおきます。このとき，δ をいくつに設定すれば，$|f(x)-f(y)|<\varepsilon$ を満たすでしょうか。$y=-1$ のときは，$|x-y|<1$ であれば，$|f(x)-f(y)|<\dfrac{1}{2}$ を満たします。ところが，$y=0$ のときは，$|x-y|$ を0.58程度におさめなければ，$|f(x)-f(y)|<\dfrac{1}{2}$ を満たしません。$y=10$ で

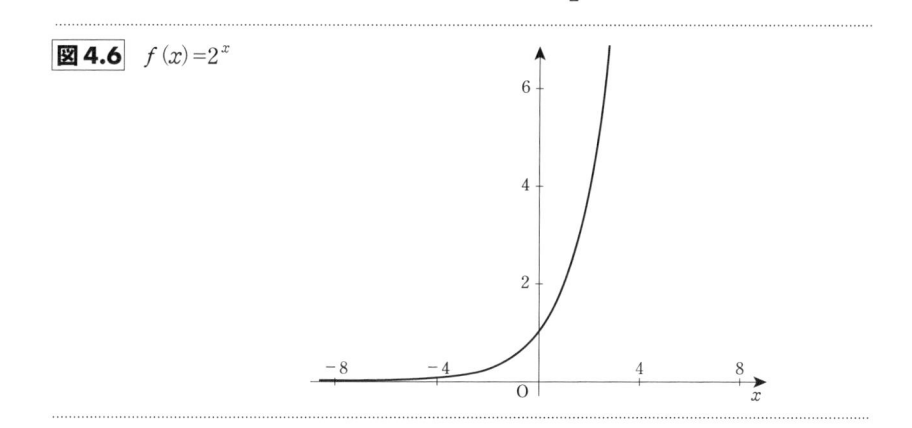

図 4.6 $f(x)=2^x$

は，$|x-y|$ を約 0.0007 程度におさめなければ，$|f(x)-f(y)|<\dfrac{1}{2}$ を満たしません。y が大きくなればなるほど，δ の値を限りなく小さくとらなければならず，y に独立に $\delta>0$ を選ぶことは不可能です。よって，$f(x)=2^x$ は第 2 の文を満たさないのです。

以上により，第 1 の文と第 2 の文は同値ではないことがわかりました。❖

実数上の関数 f が第 2 の文，つまり，

$$\forall \varepsilon>0 \; \exists \delta>0 \; \forall y \; \forall x \bigl(|x-y|<\delta \; \longrightarrow \; |f(x)-f(y)|<\varepsilon\bigr)$$

を満たすとき，f は**一様連続**である，といいます。

f が一様連続ならば f は連続ですが，その逆は成立しないのです。

量化子の順番を入れ替えたり，条件に絶対値が入るかどうかで，数文の意味は大きく変わります。関数の性質だけでなく，数列の性質でも同じようなことが起こります。

数列 $\{a_n\}$ （$n=1, 2, 3, \cdots$）の和 $a_1+a_2+a_3+\cdots$ を**無限級数**とよびます。級数の部分和を次のように定義します。

$$s_1=a_1$$
$$s_2=a_1+a_2$$
$$s_3=a_1+a_2+a_3$$
$$\cdots$$
$$s_n=a_1+a_2+a_3+\cdots+a_n$$

つまり，$s_{n+1}=s_n+a_{n+1}$ で定義されます。新たにできた数列 $\{s_n\}$ が収束するとき，この無限級数は**収束する**，といいます。s_n を

$$\sum_{i=1}^{n} a_i$$

であらわすことにしましょう。

例題 4.4.4 数列 $\{a_n\}$ から生じる無限級数が収束することを数文で表現せよ。

一気に解こうとせずに，まずは「$\{s_n\}$ が収束する」を数訳してみましょう。例題4.3.2を参考にするとよいですよ。
$$\exists M \ \forall \varepsilon \ \exists N \ \forall m \, (N<m \longrightarrow |s_m - M|<\varepsilon)$$
こんなふうに書けましたか？

次に，s_m の定義にさかのぼります。s_m とは $\sum_{i=1}^{m} a_i$ のことでしたね。
$$\exists M \ \forall \varepsilon \ \exists N \ \forall m \, (N<m \longrightarrow |\sum_{i=1}^{m} a_i - M|<\varepsilon)$$
これで，問題文を数訳することができました。 ❀

ところで，収束するような無限級数など存在するのでしょうか。

例題 4.4.5 収束するような無限級数の例をあげよ。

身近なところでは，次のような数列の無限級数を考えてみるとよいでしょう。
$$a_1 = 0.3, \ a_2 = 0.03, \ a_3 = 0.003, \ \cdots, \ a_n = \frac{3}{10^n}$$
すると，$s_m = 0.\underbrace{333\cdots 3}_{m\text{ 個}}$ になります。s_m は明らかに $\frac{1}{3}$ に収束します。 ❀

他にも次のような数列の無限級数が収束することが知られています。

> **定理 4.1**
> 無限級数 $\left(\dfrac{a}{b}\right)^0 + \left(\dfrac{a}{b}\right)^1 + \left(\dfrac{a}{b}\right)^2 + \left(\dfrac{a}{b}\right)^3 + \cdots$ は $a<b$ のとき，$\dfrac{b}{b-a}$ に収束する。

たとえば，$1+\dfrac{1}{2}+\dfrac{1}{4}+\dfrac{1}{8}+\dfrac{1}{16}+\cdots$ は 2 に収束します。

無限級数の収束にも，自然言語では表現しきれないような微細なバリエーションがいろいろとあることが知られています。

例題 4.4.6 a_n を数列とする。このとき，以下の 2 つの数文のちがいを調べ，それらが同値かどうか論じよ。

1. $\exists M\ \forall \varepsilon\ \exists N\ \forall m\,(N<m \longrightarrow |\sum_{i=1}^{m} a_i - M| < \varepsilon)$
2. $\exists M\ \forall \varepsilon\ \exists N\ \forall m\,(N<m \longrightarrow |\sum_{i=1}^{m} |a_i| - M| < \varepsilon)$

$a_n = \left\{(-1)^{n-1}\dfrac{1}{n}\right\}$ という数列とその級数を例にとって第 1 の命題と第 2 の命題の差異について考えてみることにしましょう。

数列 $\{a_n\}$ は，正負の項が交互にあらわれるような数列です。$\{a_n\}$ を n 項までたしあわせると，次のようになります。

$$1 - \dfrac{1}{2} + \dfrac{1}{3} - \dfrac{1}{4} + \cdots + (-1)^{n-1}\dfrac{1}{n}$$

ここでは証明しませんが，この級数は第 1 の意味では収束することが知られています（ライプニッツの定理）[4]。一方，各項に絶対値をつけてたしあわせるとどうなるでしょう。

$$1 + \dfrac{1}{2} + \dfrac{1}{3} + \dfrac{1}{4} + \dfrac{1}{5} + \cdots$$

ここで，以下の不等式が成り立つことに注意しましょう。

---

[4] この級数の極限は $\log 2$ である。

$$1+\left(\frac{1}{2}\right)+\left(\frac{1}{3}+\frac{1}{4}\right)+\left(\frac{1}{5}+\frac{1}{6}+\frac{1}{7}+\frac{1}{8}\right)+\cdots$$
$$\geqq 1+\left(\frac{1}{2}\right)+\left(\frac{1}{4}+\frac{1}{4}\right)+\left(\frac{1}{8}+\frac{1}{8}+\frac{1}{8}+\frac{1}{8}\right)+\cdots$$
$$=1+\frac{1}{2}+\frac{1}{2}+\frac{1}{2}+\frac{1}{2}+\cdots$$

最後の式は無限大に発散します。よって，$1+\frac{1}{2}+\frac{1}{3}+\frac{1}{4}+\frac{1}{5}+\cdots$ も発散することになります。つまり，第2の意味では収束しないことがわかります。

よって，第1の命題は，第2の命題の十分条件ではなく，2つの命題は同値ではないことがわかりました。　　　　　　　　　　　　　　❖

例題4.4.6の第1の命題の性質を満たすとき，この無限級数は**収束する**，といいましたね。

一方，第2の命題の性質を満たすときは，**絶対収束する**，といいます。絶対収束すれば，収束することが知られています。が，例題4.4.6で見たとおり，収束するからといって，絶対収束するとは限らないのです。

例題4.4.1, 4.4.3, 4.4.6で紹介してきたような微細なちがいは，ε-δ 論法が確立される前は，十分に区別されていませんでした。そのため，収束や極限に関する証明にはしばしば誤りが含まれていました。大数学者コーシーもその例外ではなかったといわれています。

ε-δ 論法は，自然言語のゆらぎを抑え，その表現の限界を超えて，数学をさらに発展させるためにどうしても必要なステップだったといえるでしょう。

4.5 数訳の困難

　前節では，まるでありとあらゆる数学的概念が数文に変換可能であるかのような説明をしました。それが本当に真実かどうか，この節であらためて考えてみましょう。

　もう一度，ユークリッドの『原論』に立ち戻ってみます。『原論』の1ページめを開くと，次のような文が目に飛び込んできます。

> 線とは幅のない長さである。

　この「長さ」とは何でしょうか。『原論』のどこを探しても長さの定義はありません。また，『原論』の第10章には「面積」の話題が登場します。ですが，面積とは何か，ということはどこにも書いてありません。

　「毎時4キロメートルで歩く人が3時間歩くと，12キロメートル歩いたことになる」という文章を考えてみましょう。これは，明らかに数学の文章ですし，その意味にゆらぎはいっさいありません。では，この文を数文に直すとどうなるでしょう。

$$4 \times 3 = 12$$

こうなってしまうのです。ここには，「毎時」も「キロメートル」も「時間」も見えてきません。では，この数文からもとの和文にもどせるか，というと，それは無理でしょう。$4 \times 3 = 12$ は $4 \times 3 = 12$ でしかなく，そこから「毎時」や「キロメートル」や「時間」という言葉は生まれようがありません。

距離の単位である「1メートル」とは，地球の北極から赤道までの子午線の長さの1000万分の1と定義されています。この定義は純粋な数学的な定義ではなく「地球」という実存に基づいた定義です。地球とは何か，ということを定義することは数学の守備範囲を超えています。ということは，「1メートルとは何か」を定義することも，やはり数学の手に余ることだといえるでしょう。

　では，距離や面積は数学では扱わないのか，というと，そうではありません。

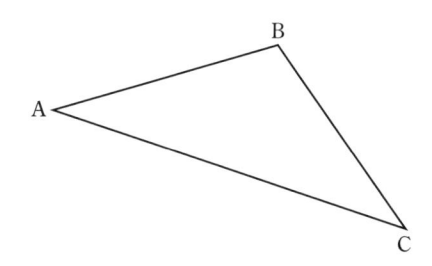

　平面上の点 A, B, C について，点 A, B の距離と点 B, C の距離を比較すると，AB の距離より BC の距離のほうが長い，ということはもちろん数学で扱うべき題材です。ですが，「なぜ，AB の距離より BC の距離のほうが長いといえるのか？」という問いに対して，「ものさしで測ってみると，AB の距離が3センチで，BC の距離は4.7センチだったから」という答えでは数学的証明とはみなされないのです！

　どうすれば，「距離」を数学で扱えるようになるのでしょう。実存を扱えないということは，単位を扱うことができない，ということです。メートル原器や腕の長さなどを1として他のものを測る，ということはできません。数学において，距離は絶対的なものではなく，あくまでも相対的なものだということになります。

　相対的とひと言で書きましたが，では，「相対的」とはどういうことかというと，「比べることができる」と言い換えることができるでしょう。どう

いうときに比べることができ，どういうときに比べられないか。たとえば，座標上の点 (3, 2) と $(\sqrt{5}, \sqrt{13})$ が比べられるか，というと，どちらが上とか下とか，大きいとか小さい，という言い方では比べることができません。けれども，10 と $\sqrt{122}$ では，すぐに $\sqrt{122}$ のほうが大きい，というように比べることができます。つまり，数直線上，特に非負の数になっていれば大小を比べられるのです。測ること，比べることの本質は，「(非負の) 値にして大小を比べる」ということにあるようです。数学的に記述すると，距離は，空間上の 2 点に対して，非負の実数を対応させる関数であり，面積は，平面上の (閉じた) 図形に対して，非負の実数を対応させる関数だと考えることができるでしょう。ここまできて，ようやく数訳の手がかりが見つかります。

　先の「AB の距離より BC の距離のほうが長い」という命題は，距離関数 d を使うと次のように記述できるでしょう。

$$d(A, B) < d(B, C)$$

その値が，それぞれ 3, 4.7 ならば次のようにも書けます。

$$d(A, B) = 3 \land d(B, C) = 4.7 \quad \longrightarrow \quad d(A, B) < d(B, C)$$

それでも，「ものさしで測ってみると」という部分は数文に直すことはできません。

　もうひとつ，今までの方法ではどうしても数文に直せない概念があります。それは，「確からしさ」という概念です。
　「サイコロを 1 回振ったとき 6 の目が出る事象を A とすると，A が起こる確率は $\frac{1}{6}$ である」というのは確かに数学の概念です。これを

$$P(A) = \frac{1}{6}$$

と数文で書こうと思えばそれも可能です。では，どうしてそうなるかという

ことを，論理的手続きによって示すことは（今のところ）できません。なぜかというと，「確からしさ」というものを数学的に定義することができないからです。

$P(A \cap B) = P(A) \times P(B)$ という公式も数文であらわすことができます。が，なぜそうなるか，というと，あくまで観察や実験によって確認されたことだと言うしかありません。もちろん，教科書にはなぜそうなるかの考え方が書いてありますが，厳密に言うと，それは説明であって証明ではありません。しかも，実験結果はぴったり $P(A \cap B) = P(A) \times P(B)$ を示すものではなく，「そうみなしてよさそうだ」というものでしかありません。

このように，数式の表現能力はあくまで限定的なものに過ぎません。一方で，ε-δ 論法に代表されるように，数式は自然言語ではうまく説明できないような微細な差をくっきりと説明し分ける高い表現能力を備えているのです。

自然言語と数式，その両方の性質をよく理解しながら，上手に活用していくことが大切だといえるでしょう。

CHAPTER 5
かたちから言葉を見る

(東京大学大学院教育学研究科＊影浦 峡)

これまで本書では，数学という言語について学んできました。和文数訳や数文和訳などを通して，日本語についてもこれまでより意識して見直す機会があったことと思います。ここでは，日本語や英語といった自然言語の「かたち」について，もう一歩踏み込んで考えてみましょう。

5.1 文のかたちに訴えるとき

通常，日本語を母語とする人が，日本語を理解するのは簡単です（ほら，この文だって）。でも，次の文はどうでしょう。

> **例 5.1** 太郎は花子が三郎が心を寄せている悦子が四郎が嫌いな五郎が真弓が描いた絵があまりうまくないと言っている義雄が高くその芸術的才能を評価している麻理が開いた絵の個展を酷評していることに腹を立てているのを無視したと聞いて愕然とした。

一読しただけでは，わからないのではないでしょうか。この悪文を理解するには，文のかたちを地道に見ていかなくてはなりません。小さいまとまりを考えると，まず，「三郎が心を寄せている悦子」「四郎が嫌いな五郎」を抜き出すことができます。前者で，「三郎が心を寄せている」は「悦子」にかかり，ほかの言葉には関係しないので，文全体を見る観点からは「悦子」にしてしまえるでしょう。「四郎が嫌いな五郎」も，「五郎」に置き換えられます。

さらに，「真弓が描いた絵があまりうまくないと言っている義雄」「義雄が高くその芸術的才能を評価している麻理」「麻理が開いた絵の個展」もまとまっていて，最初の句は義雄の説明，その義雄は麻理の説明として使われ，麻理は個展の説明に使われていますから，これらすべてを「個展」に縮めることができます。そうすると，例5.1は，次のようになります。

> **例 5.1′** 太郎は花子が悦子が五郎が個展を酷評していることに腹を立てているのを無視したと聞いて愕然とした。

ここまでくると，誰が何をしているのかを把握するまでは，あと一歩。主語「太郎」「花子」「悦子」「五郎」と，それぞれ対応する述語を考えると，

A．五郎は個展を酷評している
B．悦子はそれ（A．五郎が個展を酷評したこと）に腹を立てている
C．花子はそれ（B．悦子が腹を立てていること）を無視した
D．太郎はそれ（C．花子が無視したこと）を聞いて愕然とした

天下の悪文も，日本語のかたちを読み解いてゆけば，まっとうな文であることが明らかになり，意味もわかりました！

　これは極端な例ですが，日常生活でも，意味がとれなくて，文のかたちを少し考えて「ああ，そうか」と思うことが，時折，あります。人は，文の意味を理解するとき，かたちも見ているんですね。

5.2 コンピュータが言葉を使う

　人間のように言葉を使うコンピュータを実現できないか。こんな夢を持って，1960年代から，コンピュータで言葉を処理する研究が進められてきました。大きな夢の一つは機械翻訳です。でも，コンピュータは「意味」を理解できませんから，言葉を使わせるためには，まず，文のかたちを処理することになります。翻訳も，記号の計算と見なされます。それによってどこまで言葉を扱えるのか，ちょっと実際の機械翻訳を試してみましょう[1]。

　　I have a pen. ⇒ 　私はペンを持っています。
　　I have to go to the bank. ⇒ 　私は銀行に行かなければなりません。
　　I need to go to the river bank. ⇒ 　私は，川堤に行く必要があります。

意味もちゃんととれるし，それほど不自然でもないし，なかなかいいですね。
　では実際に，コンピュータはどのような処理をしているのでしょうか。例えば "I have a pen." をコンピュータで翻訳するプロセスは，次ページ**図 5.1** のようになります。このような処理をするためには，次のような規則と辞書が必要になります。

1）http://www.excite.co.jp/world/english/

図 5.1 機械翻訳のプロセス

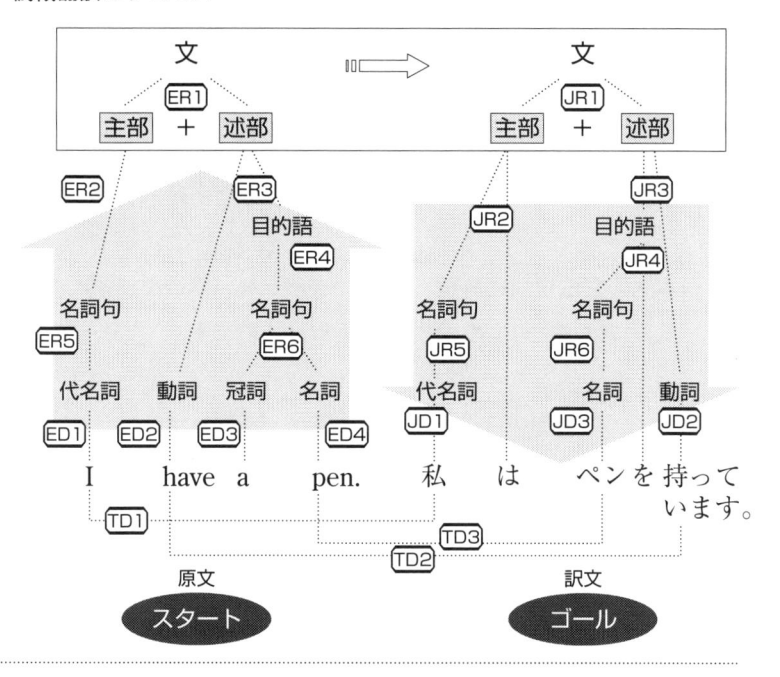

(1) **英語の文法規則と辞書**：英語の文を，言葉に依存しない構造にします。この例では，次のような文法規則と辞書が使われています。

- ER1　主部+述部　⟶　文
- ER2　名詞句　⟶　主部
- ER3　動詞+目的語　⟶　述部
- ER4　名詞句　⟶　目的語
- ER5　代名詞　⟶　名詞句
- ER6　冠詞+名詞　⟶　名詞句
- ED1　"I"　⟶　代名詞
- ED2　"have"　⟶　動詞
- ED3　"a"　⟶　冠詞
- ED4　"pen"　⟶　名詞

こうした規則は，例えば，ER1 なら「主部があってかつその後ろに述部があるならば，文である」，ED1 は「"I" ならば代名詞である」のように読むことができます。順序関係があることを除けば，論理の言葉と似ていますね。辞書と規則を使って，"I have a pen." ならば，"I" は代名詞 ED1，"have" は動詞 ED2，……と規則を適用していくと，これが主語と述語からなる英語の文であることが，文のかたちとともにわかります（図 5.1 左）。

(2) 日本語の文法規則と辞書：言葉に依存しない構造を日本語の文に変換します。ここでは，次のような規則が使われています。

JR1	文 ⟶ 主部＋述部
JR2	主部 ⟶ 名詞句＋"は"
JR3	述部 ⟶ 目的語＋動詞
JR4	目的語 ⟶ 名詞句＋"を"
JR5	名詞句 ⟶ 代名詞
JR6	名詞句 ⟶ 名詞
JD1	代名詞 ⟶ "私"
JD2	動詞 ⟶ "持っています"
JD3	名詞 ⟶ "ペン"

「文 ⟶ 主部＋述部」というかたちから，今度は日本語の文法規則を使って図 5.1 右のように具体化していきます。

(3) 対訳辞書：英語の単語と日本語の単語とを対応づけます。日本語の辞書には，本当は「"ペン" ⟶ 名詞」だけでなく，「"消しゴム" ⟶ 名詞」なんかもありますから，英語の "pen" に対応する単語をきちんと選ぶためには対訳辞書が必要になります。

TD1　"I" ⟷ "私"
TD2　"have" ⟷ "持っています"
TD3　"pen" ⟷ "ペン"

　これを追求すれば，コンピュータで「正しい」文を分析したり生成したりする有限個の規則を定義することができ，さまざまな文を正しく訳してくれる機械翻訳システムができるに違いない。そして，もしコンピュータが人間と同じように文を翻訳できるなら，「言葉がわかっている」と見なせるのではないか。だとすると，記号の計算により，言葉の操作，処理そして理解という，とても人間的な現象を明らかにできるのではないか。こうした期待がもたれたのです。

I sleep a pen.
私はペンを寝る。

5.3 かたちを追求すると……

　日本語でも英語でも，さまざまなかたちの文があります。それを捉えるために，文法規則を丁寧に作っていく作業が進められました。各言語できちんと文法規則と辞書を作れば，**図 5.1** のように翻訳も実現できるはずです。ここでは，日本語の文法規則をもう少し見てみましょう。たとえば，

例 5.2 　私は息子と買い物に行った。私たちは野菜と果物を買った。

という2つの文を考えてみます。第1の文では，「行った」は動詞，「買い物に」は（間接）目的語で，あわせて述部を構成し，「息子と」はそれに副詞的にかかってさらに大きな述部をつくります。また，第2の文では「野菜」と「果物」を並列して名詞句を作っています。これらを処理するために，JR1〜JR6，JD1〜JD3は逆方向を考え，次のような規則と辞書を付け足しましょう。文のかたちは**図 5.2** のようになります。

- JR7　名詞句＋"に"　⟶　目的語
- JR8　副詞句＋述部　⟶　述部
- JR9　名詞＋"と"　⟶　副詞句
- JR10　名詞＋"と"＋名詞　⟶　名詞句
- JD4　"息子"　⟶　名詞
- JD5　"野菜"　⟶　名詞
- JD6　"果物"　⟶　名詞
- JD7　"買い物"　⟶　名詞
- JD8　"行った"　⟶　動詞
- JD9　"買った"　⟶　動詞
- JD10　"私たち"　⟶　代名詞

図 5.2　例5.2の2つの文の構造

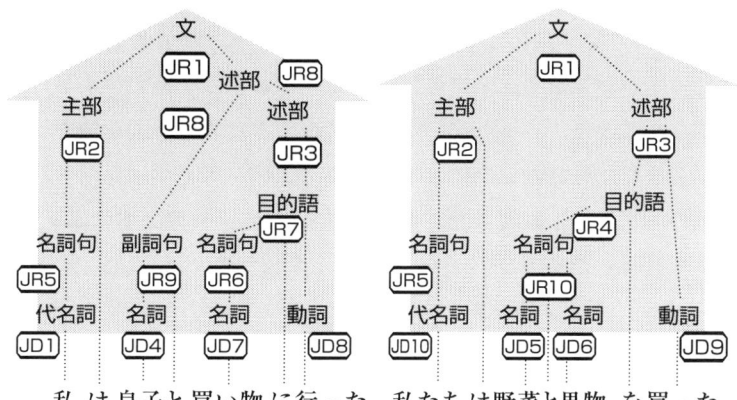

私 は息子と買い物 に行った。私たちは野菜と果物 を買った。

ところで……例5.2の文をもう一度見てみましょう。「私は息子と買い物に行った」は，JD1 JD4 JD7 JD8 を適用して「代名詞は名詞と名詞に動詞」となり，ここで「名詞+"と"」に JR9 を適用する代わりに「名詞+"と"+名詞」の JR10 を適用することができます。また，「私たちは野菜と果物を買った」の「代名詞は名詞と名詞を動詞」では，JR10 の代わりに JR9 を適用することができます（**図 5.3**）。

図 5.3　例5.2の2つの文のそれぞれもうひとつの構造

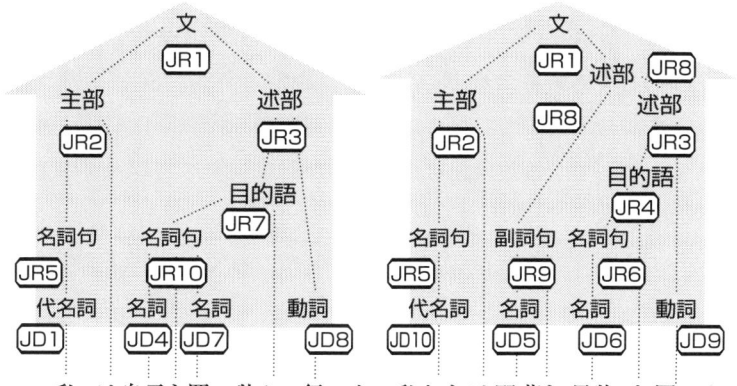

私 は息子と買い物に 行った。私たちは野菜と 果物 を買った。

そうすると，最初の文は「私は息子に行った。買い物にも行った」，第2の文は「私は野菜と共同で果物を買った」ということになってしまいます。もちろん，「息子に行く」は意味をなさないし，野菜と共同で果物を買うのは変ですが，コンピュータには「意味」はわからないのですから。

困ったことに，多様な文のかたちを捉えるために規則を増やせば増やすほど，こうした曖昧性は増えます。実際，意味を考えずにかたちだけ見ると，複数の解釈がある表現はたくさんありますね。「分厚い本の表紙」「コンピュータで計算した結果をチェックする」，英語では "He saw a man with a telescope." など。意味がわからなければ，これらは曖昧なままです。

では，コンピュータでは，これらをうまく処理することは本当にできないのでしょうか。再び，機械翻訳でチェックしてみましょう。

私は息子と買い物に行った。 ⇒ I went shopping with the son.
私は野菜と果物を買った。 ⇒ I bought the vegetable and the fruit.
私は山本と広島に行った。 ⇒ I went to Hiroshima with Yamamoto.
私は岡山と広島に行った。 ⇒ I went to Okayama and Hiroshima.

うまく翻訳できています！ 現在の機械翻訳では，人間の判断を参考に，たとえば，人間（「息子」など）と行為（「買い物」など）のように意味が遠いものは並列しにくいこと，意味の近いものは並列しやすいこと，「岡山」「広島」は地名であることなどの情報を，規則と辞書に詳しく書き込んでいます。ですから品詞だけでなく，一般に言葉の「意味」に関係すると思われているところもできるだけ記号化し，コンピュータで処理できるようになっているのです。

次のような「多義語」も，うまく訳してくれています。すごいですね！

私は客のためにピアノをひいた。 ⇒ I played the piano for the guest.
私は客のために椅子をひいた。 ⇒ I pulled the chair for the guest.

5.4 それでもできないこと

　丁寧にかたちを追求すれば，言葉を極めることができるかもしれない！私たちが使う「自然な言語にとってはなくてはならない要素」としての「情感やゆらぎ」（本文，p. 24）も，細かく分析していけば記号のかたちとして処理できるかもしれない……。たくさんの研究が進められました。それでも，コンピュータではうまく翻訳できない文がいまだにいろいろ残されています。機械翻訳の失敗例を見ながら，何がどうしてできないか，少しだけ整理してみましょう。

5.4.1　情報の入れ込み方・慣用

　まず，ときどき，英語の学びはじめにおもしろい失敗談として登場する例です。

　　バリカンで俺の頭を刈れ。　⇒　Cut my head with hair clippers.

訳された英語の意味は，「頭を切り刻んでくれ」（血だらけ），という恐ろしいもの。日本語とは違う意味になってしまいます。でも，注意して文を対比して見ましょう。「刈る」（cut）の目的語としての「私の頭」（my head），手段としての「バリカンで」（with hair clippers）など，文のかたちはきちんと対応がとれていますし，単語の訳も，一つひとつを見る限りは悪くなさそうです。「かたちの計算」としては誤っていないのに，結果が変なのです。

ほかの例も見てみましょう。

私は部屋を整理しました。 ⇒ I put the room in order.
私は議論を整理しました。 ⇒ I arranged the discussion.

最初の訳はばっちりですが，2番目の「arrange the discussion」は，強いて理解するなら，「討論の場をアレンジする」となります（英日機械翻訳で日本語に戻した結果も「私は議論をセッティングしました」になりました！）。ここでも，かたちの計算は悪くないのに，翻訳結果は変になっています。

対象や動作を個々の単語で表すときには英語と日本語が対応していても，事態を表すために単語をどう組み合わせるかは，言葉によってさまざまに異なるため，こんなことが起きます。「沸かす」は"boil"，「お湯」は"hot water"，でも「お湯を沸かす」は，"boil the hot water"ではなく"boil the water"。

いわゆる熟語や慣用句（「骨が折れる」とか）は，言葉の習慣的用法ですから単語の意味を組み合わせるともちろん変になります（余談ですが，多くの熟語や慣用句は翻訳を通して発見されました）。英日方向で例を見てみましょう。

We shot the breeze. ⇒ 私たちはおしゃべりしました。
We shot the light breeze. ⇒ 私たちは軽風を撃ちました。

少しでも慣用句に修飾や変形があると，とたんに訳が崩れます。バリエーションを考慮すると，どんなときに文字どおりにとるべきか，どんなときは慣用句として解釈すべきか，意味がとれない限り，判断がつかないのです。

情報の入れ込み方の違いとしては，次のような例もあります．

　私は部屋中に本を置いています．
$\Rightarrow$　I am putting the book all over the room.

　日本語では，ふつう，名詞の数は表示しません（だから日本語が不完全な言葉だというわけではありません．同様に「2 冊の本」「2 匹の犬」を，「冊」と「匹」を区別せず，"two books"，"two dogs" と言うから英語が不完全だというわけでもありません）．人間なら，「部屋中」に置いてあるくらいだから，本は複数あるのだな，とわかりますが，コンピュータには判断がつかないため，"the book" と単数形になってしまいました．部屋を占領する，巨大な本！

　ありうる事態を表す 2 言語の表現がすべて対応するように細かく規則を整備したり，長い表現をすべてコンピュータの辞書に記憶させることは可能でしょうか？ 扱うべき表現の長さが限られているとするならば，単語の数も有限ですから，理論的には可能なはずです．そこで，数百万から数億もの膨大な「対訳用例」を使う機械翻訳も考えられています．

　でも，少し素朴に考えてみましょう．人間は，文法規則は知っていて，熟語を覚えているとしても，それほど細かい言葉の組み合わせ規則や膨大な用例を覚えているものでしょうか？ 「部屋中に本を置いている」という例で，「部屋中に」という言葉があったとき，「本」は複数と解釈するという言葉の規則を私たちが頭に持っているとはちょっと思えません．むしろ，文の意味をまず理解し，事態をイメージするからこそ，本は複数だとわかるのではないでしょうか．人間の言語理解をめぐるこの部分は，コンピュータに膨大な対訳例を記憶させてもうまくいかないことと相まって，今のところ，そもそも「計算」できるのか，どんなふうに「計算」すればよいか，謎のままです．

5.4.2 状況や文脈に依存した表現

次のような失敗例（？）もあります。

僕，うなぎ！　⇒　I am an eel.

うなぎごっこの文脈なら，この訳でよいかもしれませんが，何を食べたいか話しているときだと，少し困ります。次も，ちょっとうまくない訳の例です。

鉛筆は持っていますか？　⇒　Does it have the pencil?

これらを処理することの難しさも，表現にどのような情報を入れ込み，何を背景に回すかが日本語と英語で異なることに関係していますが，前にあげた例とは違って，これらの例は，背景状況や前後の文脈がなければ，人間にとっても曖昧です。例5.1に現れた「四郎が嫌いな五郎」も，実は，どっちがどっちを嫌いなのかわかりませんね。

このように，言語表現の中には，事前にどれだけ言葉や意味の情報を持っていたとしても，その場の状況や前後の文脈が与えられないとどう解釈してよいか決まらない場合が数多くあります。人間がこれらをうまく扱えるのは，コミュニケーションに参加しているからで，残念ながら，コンピュータは今のところ人間同士のコミュニケーションに参加できないため，文脈や状

況に応じて初めて意味がわかる曖昧な表現をうまく扱えないのです。

5.4.3　言葉はモノでもある

次のような文も，コンピュータではうまく処理できません。

「人間」は2文字からなる。　⇒　'Man' consists of two characters.
'Human' starts with 'H'.　⇒　「人間」は「H」から始めます。

ここで，「人間」，"Human" は，その表記された記号のかたちというモノを示しており，〈ひと〉という意味を表しているわけではありません。これも一種の曖昧性ですが，曖昧性の方向がこれまでの例とは異なっています。人間ならば，状況や文脈は特になくても言葉が意味するところを理解できるものです。

5.4.4 とても複雑な文

ところで，最初にあげた例5.1を，機械翻訳は次のように訳しています．

Taro kept aghast hearing that it had been disregarded that Hanako got angry at the severe criticism of Etsuko to whom Saburo was sending the mind of the one-man show of the picture that opened Mari by which Yoshio whom Shiro said that the hated Goro was not so good at the picture that Mayumi had drawn was evaluating the artistic ability high.

腹を立てているのは悦子ではなく花子になっていますし，何が何だかわからないところも多いですね．コンピュータはかたちの処理は得意なはずですが，ここまで複雑になると，どうにも対処できません．文が長くなればなるほど，曖昧性や意味のずれが発生し，それがかたちの処理を難しくしているのです．

5.5 ところで人間は，といえば……

さて，かたちを追求することで，コンピュータでもある程度言葉を処理できるようになりましたが，依然として人間なら簡単にできることのいくつかができないままです。やはり，人間の言語力はすばらしい。コンピュータごときに真似できるものではない。言葉を話すコンピュータの夢がお預けになったことは残念だが，人間のすばらしさを再発見できたことはそれを補って余りある喜びではなかろうか……！

ところが，この原稿を書いている最中に，手放しで人間の言語力のすばらしさを讃えてもいられないと思わせる出来事が起きました。有名な翻訳者による新訳本が誤訳にあふれている，というのです。指摘された誤訳は多岐にわたりますが，例えば，"M. de Rênal" の "M." (ムッシュー) を "Mme" (マダム) と間違えて，「ムッシュ・レナールの寝室の扉で……いびきが」となるべきところを「マダム・レナールの寝室の扉で……寝息が」としたりといった誤りがあります。

これなどは，文のかたちではなく，単に単語の省略形のかたちを取り違えただけの単純な例ですが，「一目で言葉の意味がわかる」人間の力を（おそらくは無意識に）過信しすぎて，言葉そのもの，言葉のかたちをきちんと読む丁寧さを省略してしまったことから生まれた誤訳のようです。マダム（女性）だからいびきではないだろう（？な思い込み），だから寝息だろうと，誤解された意味が言葉のかたちを離れて増殖していったのではないでしょうか。

心理学で，次の横線2本のどちらが長いか，という有名な話がありますが，意味も「ちょっと見」では間違えることが少なくないのかもしれません（ちなみに，本当はどちらが長いでしょうか？）。

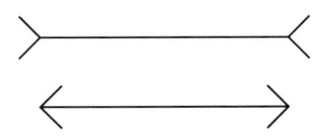

言葉のかたち，記号化された意味しか扱えないコンピュータと違い，人間は意味だけでなくかたちも，かたちだけでなく意味も理解することができます。一見して意味がわからないときにかたちを見るだけでなく，「わかった」と思っているときでも，言葉のかたちを丁寧に見れば，これまでより言葉を楽しめるかもしれませんね。

　最後に，和文数訳ではなく和文英訳の問題。冒頭にあげた例5.1の文，皆さんなら，どう英訳しますか？

CHAPTER 6
証明とは何か

授業中に数文でノートが取れるようになったなら，あなたは数文の読み書きには不自由しなくなったはずです。では，すぐに数学語の長文，たとえば数学の論文が書けるか，というとそうではありません。なぜなら，数学文をただ連ねただけでは数学の作文にはならないからです。数学では，文と文の間に**論理**があるとき，はじめて数学の作文，つまり計算や証明として認められます。

6.1 見ること，わかること。

　人間はある命題が真理であるかどうかをどうやって見分けているのでしょうか。

　たとえば，2＋3＝5という式。私たちは，これを「正しい式」として認識しますね。その認識はいったいどこからくるのでしょうか。

　きっと小学生ならば，こんなふうに答えてくれるにちがいありません。

> 皿の上にりんごが2つある。もうひとつの皿の上にはりんごが3つある。あわせると，5つになる。よって，2＋3は5に等しい。

　あるいは，算数セットに入っているおはじきを使って2＋3をやってみせてくれるかもしれません。つまり，実際に見ればわかる，ということですね。

　では，私たちはいつでも，「見る」ことで「わかる」ことができるのでしょうか。次の例で考えてみることにしましょう。

▶ いくつかの実数が目の前にあるとします。その中から整数とそうでないものをあなたはより分けることができますか？

　「できるに決まっている」とあなたは思ったことでしょう。確かに，下のような5つの実数から整数をより分けるのは簡単です。

$$4 \quad \sqrt{3} \quad \sqrt{16} \quad -5634.2 \quad \frac{5}{5}$$

もちろん，4と$\sqrt{16}$と$\frac{5}{5}$が整数です。

▶では，次の3つの実数のうちから整数をより分けることはできますか？

$$1.000000000000000000000000000000\cdots$$
$$1.000000000000000000000000000010\cdots$$
$$0.999999999999999999999999999999\cdots$$

「小数位に0以外の数がなければ整数。そうでなければ小数」と小学校では教わりましたね。その判断基準に従うならば，1番目の数が整数，2番目と3番目の数は整数ではない，ということになります。

本当にそうでしょうか。

1番目の数字に着目してください。整数部分の1のあとは確認できる範囲では0が続いているようですが，本当に1番目の数が整数かどうかは「…」の意味によって左右されるのではないでしょうか。「…」が「限りなく0が続くこと」を意味しているなら，確かに1に等しくなります。ですが，単に「この先は書ききれないので省略した」ということなら，整数かどうか判定することはできませんね。

つまり，単に「見る」ことによって1番目の数が整数かどうか判断することなど不可能だということです。

3番目の数についても同じことです。もし「…」が「限りなく9が続く」ことを意味するなら，この数は1に一致します。だとすれば，整数だということになります。小数第1位に0以外の数が登場したからといって，整数ではないと判断することはできないのです。

もうひとつ，見てもわからない例をあげましょう。次の集合を見てください。

$$A = \{3, 5, 7, \cdots\}$$

では，質問です。9 は A の要素でしょうか。A が 3 以上の奇数全体の集合を意味しているなら，$9 \in A$ です。しかし，A が奇素数全体の集合を意味しているならば，$9 \notin A$ です。やはりここでも，A に属する条件を明確にしない限り，何が A の要素で何がそうでないか判断しようがないのです。

小学校の教科書では，「見てわかる」ような例しか登場しません。ですから，私たちは「見ることさえできれば，判断できる」と考えがちです。しかし，実は「見てわかること」などごくごく限られているのです。

では，いったい何をよりどころにして命題の真偽を判断すればよいのでしょうか。

先ほど，「『…』が無限に 0 が続くことを意味しているなら，1.00… が整数だと判断できる」と書きました。つまり，「…」の意味が命題として記述されるなら，真偽の判断は可能になりうるのです。同じように，対象でも領域でも，命題として記述されることなしに，その性質を理解することはできません。

最初の 5 つの実数の例についても同じことがいえます。$4, \sqrt{3}, \sqrt{16}, -5634.2, \dfrac{5}{5}$ は実数を羅列しているようにも見えますが，実は，5 つの実数の説明が記述されているのです。たとえば，4 は「整数部分が 4 であり，小数以下の桁がすべて 0 になるような実数」を含意しています。$\sqrt{3}$ は「2 乗すると 3 と等しくなるような正の数」という定義式です。$\dfrac{5}{5}$ は「5 を 5 等分したときの値」という定義式です。定義が書いてあるから整数かどうか判断できるのです。もしも $\sqrt{16}$ の代わりに 4.0000… と書いてあるなら，整数

かどうか判断することはできません。

　「見ればわかる」わけではないのです。「説明されることによって，わかりうる」のです。そして，その説明に論理の飛躍があったり，曖昧な部分があれば，わかることはできません。誰もが同じ認識にたどりつくような形で表現されたとき，私たちは共通の真理にたどりつきうるのです。古代ギリシャ人はそのことに気づいたからこそ，証明という手段を発明したのです。

6.2 事実と証明

　真理が，本当に真理であることを，誰もが反駁しようがない形で提示するために作文をすることを，**証明**（proof）とよびます。

　前節の例でいうなら，りんごを使って 2+3 をやってみせることは 2+3=5 の証明とはよびません。なぜなら，2+3=5 の証明の前に，私たちはここに出てくる対象である $2, 3, 5, +, =$ を論理的に説明しなければならないからです。

　では，2 というのは「りんごが 2 個」を意味していますか？　そうではありませんね。「りんごが 2 個」というのは 2 という記号のひとつの**解釈**に過ぎません。よって，りんごを使った説明は，2+3=5 の証明ではなく，解釈の例示だといえるのです。

　もうひとつ別の例を見てみることにしましょう。

　私たちは，円周率が約 3 であることを知っています。確かに，身の回りにある円形のもの，たとえば，茶筒やコップなどの直径と円周を巻尺を使って測ってみると，どれについても，円周と直径の比が，約 3 になります。

　このことに人類は早くから気づいていました。『旧約聖書』にも円周率が約 3 になることが記されているほどです[1]。たしかに，円周と直径の比はどんな円についても一定です。しかも，その値は約 3 になります。それは動かしがたい「事実」にちがいありません。では，この事実によって，「円周率は約 3 になる」ことが証明された，といえるでしょうか。

　いいえ，これも証明ではありません。これでは，「観察された事実」でしかないのです。

　「観察された事実」と「証明された真理」，この 2 つはどこがちがうのでし

---

[1] 「彼は鋳物の『海』を造った。その縁から縁まで 10 アンマ。円形で，その高さは 5 アンマ，周囲は縄で測ると 30 アンマ」（『旧約聖書「列王記上」』7：23 より）

ょうか。

　古代エジプトでは，円周率を小数第 1 位まで，古代ギリシャでは小数第 2 位まで正しく求める技術をもっていました。ですが，問題は「小数第 1 位か，それとも第 2 位か」ということではありません。この 2 つの結果には，大きな方法論のちがいがあったのです。2 つの方法を比較することで，「観察された事実」と「証明」がどう異なるのか，また，それぞれにどのような特徴があるのか考えてみることにしましょう。

　古代エジプト人は，円周率を約 $\frac{256}{81}$ として計算していました。$\frac{256}{81}$ を小数であらわすと，3.16…となるので，正しい値にかなり近いといえるでしょう。彼らが「円周率は $\frac{256}{81}$ と，だいたい等しい」と考えた理由は次のようなものでした。

横 9，縦 9 となる正方形に内接するように円を描く。その円に対して，図のような八角形を描く。

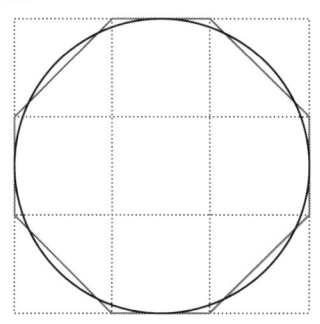

すると，八角形の面積は円の面積とだいたい等しくなると予想される。この八角形の面積は，$81 - \frac{9}{2} \times 4 = 63$ である。つまり，「おおよそ 64」としてもよいだろう。一方，この円の面積は

$$\left(\frac{9}{2}\right)^2 \times \pi = \frac{81}{4}\pi$$

である。このことから，π が約 $\frac{256}{81}$（約 3.16）になる。

この値は，実際の円周率を小数第1位まで正しく近似しているだけでなく，小数第2位の値も2しかちがいません[2]。また必要な公式は，正方形の面積と直角二等辺三角形の面積の公式だけですから，計算も比較的簡単です。

では，対する古代ギリシャ人，たとえばアルキメデスはどのような方法で円周率が「3.1より大きい」という事実を示したのでしょう[3]。

> **定理 6.1**
>
> 円周率は3.1より大きい。

まず，半径1の円について考える。この円の半周が円周率と等しくなるはずである。（ユークリッドの『原論』の方法に基づき）この円に正十二角形を内接させる（**図6.1**）。

図6.1
半径1の円に内接する
正十二角形

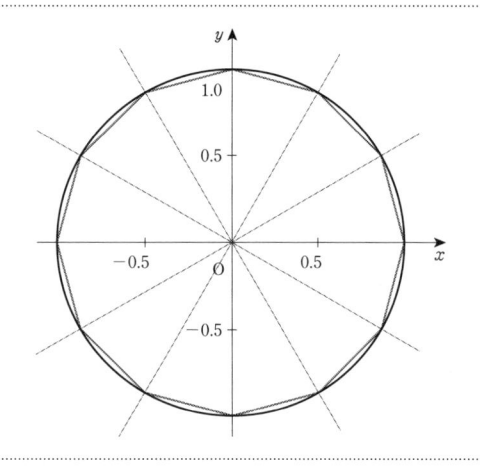

2）八角形の面積を63とした場合の値は，3.11…である。
3）以下の方法は，アルキメデスの証明と同じではない。古代ギリシャ時代以降に示されたいくつかの結果を用いている。

この正十二角形の半周分の長さを求めたい。そのために，1辺の長さを三平方の定理を用いて求めていくことにしよう。

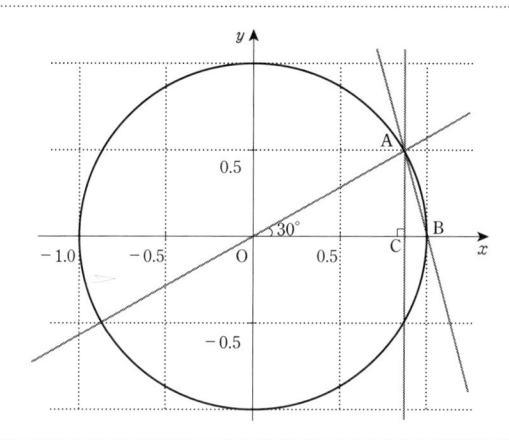

図 6.2

図 **6.2** の扇形の中心角 $\angle\mathrm{AOB}$ は 30 度である。よって，そこにできる $\triangle\mathrm{OAC}$ の辺の比は，$\overline{\mathrm{AC}}:\overline{\mathrm{OA}}:\overline{\mathrm{OC}}=1:2:\sqrt{3}$ となる。斜辺の長さは半径と等しく，1であるから，残りの2辺はそれぞれ，$\dfrac{1}{2}$ と $\dfrac{\sqrt{3}}{2}$ になる。正十二角形の1辺 AB の長さを l とおき，ふたたび三平方の定理を用いると，次の式が成り立つ。

$$l^2 = \left(\frac{1}{2}\right)^2 + \left(1 - \frac{\sqrt{3}}{2}\right)^2$$

右辺を整理すると，次のようになる。

$$\begin{aligned}
l^2 &= \left(\frac{1}{2}\right)^2 + \left(1 - \frac{\sqrt{3}}{2}\right)^2 \\
&= \frac{1}{4} + 1 - \sqrt{3} + \frac{3}{4} \\
&= 2 - \sqrt{3} \\
l &= \sqrt{2 - \sqrt{3}}
\end{aligned}$$

(6.1)

式 (6.1) を簡単にするには，「二重根号のはずし方」を用いるとよい。

$$\sqrt{(\alpha+\beta)+2\sqrt{\alpha\beta}} = \sqrt{\alpha}+\sqrt{\beta}$$

$$\sqrt{(\alpha+\beta)-2\sqrt{\alpha\beta}} = \sqrt{\alpha}-\sqrt{\beta}$$

$$l = \sqrt{2-\sqrt{3}}$$

$$= \frac{\sqrt{4-2\sqrt{3}}}{\sqrt{2}}$$

$$= \frac{\sqrt{3}-1}{\sqrt{2}} \quad (\text{分母と分子に } \sqrt{2} \text{ をかけて有理化する})$$

$$= \frac{\sqrt{6}-\sqrt{2}}{2} \tag{6.2}$$

ここで,よく知られているように $\sqrt{2}=1.4142\cdots$ である。つまり,

$$\sqrt{2} < 1.4143 \tag{6.3}$$

式(6.2)と不等式(6.3)から,次の不等式が得られる。

$$l > \frac{\sqrt{6}-1.4143}{2} \tag{6.4}$$

$\begin{pmatrix}\text{ここで不等号が導入されたことに注意しよう。不等号の代わり}\\ \text{に}\fallingdotseq\text{を用いてはせっかくの証明がだいなしになる。2.1節で述べた}\\ \text{とおり,}\fallingdotseq\text{は厳密には数学の記号ではないからである。}\end{pmatrix}$

次に $\sqrt{6}$ を小数であらわしたい。その際,非常に有効なのが,古代バビロニアから伝わる近似法である。

(1) $4<6<9$ であることから,$2<\sqrt{6}<3$ であることがわかる。そこで,$\sqrt{6}$ の第1近似を2と3の平均値である $\frac{5}{2}$ で与える。

(2) $6=\frac{5}{2}\times x$ となる x を求める[4]。$x=\frac{12}{5}$ になる。ここで,$\frac{12}{5}<\frac{5}{2}$ より,$\frac{12}{5}<\sqrt{6}<\frac{5}{2}$ となることがわかる。$\frac{12}{5},\frac{5}{2}$ の平均値である $\frac{49}{20}$ を第2近似とする。

(3) $6=\frac{49}{20}\times x$ となる x を求める。$x=\frac{120}{49}$ になる。よって,$\frac{120}{49}<\sqrt{6}<\frac{49}{20}$

---

4) もし,$x=\sqrt{6}$ ならば $6=x\times x$ になることに注意。

となることがわかる。$\frac{120}{49}$, $\frac{49}{20}$ の平均値である $\frac{4801}{1960}$ を第 3 近似とする。

(4) 以下同様にすれば，望む精度で $\sqrt{6}$ を近似することができる。ちなみに，第 2 近似である $\frac{120}{49}$ を小数であらわすと，2.4489… である。

不等式(6.4)と不等式 $2.4489 < \sqrt{6}$ から，次の不等式が得られる。

$$l > \frac{2.4489 - 1.4143}{2}$$

$$6l > 3 \times 1.0346$$

$$6l > 3.1038 \tag{6.5}$$

$\pi > 6l$ より，$\pi > 3.1$ であることが示された。 ❖

古代エジプト人はごく簡単な方法で近似値3.16まで求めえたのに，古代ギリシャ人は，これほど複雑な議論を重ねてようやく $l > 3.1$ を証明したのです。円周率が3.14以上3.15未満であることを示すには，より多くの困難が待ち受けていそうですね。

古代エジプトの数学に関する知識が十分に伝わらなかったために，古代ギリシャ人は，このような回り道をしたのでしょうか。そうではありません。この証明を発表したアルキメデス自身，エジプトのアレクサンドリアに留学していたのですから。当然，エジプトの円周率の求め方は知っていたはずなのです。ですが，それは古代ギリシャ人の「真理とは何か」という基準を満足させるものではなかったのです。

なぜなら，エジプトの論証方法は**直観に依存している**からです。

古代エジプト人の論証は，図に描かれた円と八角形の面積が「けっこう近い」という「直観」に基づいていますね。ですが，アルキメデスの「証明」においては，こうした「直観」は徹底的に排除されているのです。

アルキメデスだけでなく，古代ギリシャ人たちは，直観や観察は「真理」を発見するためには不可欠だけれど，「真理」を示す方法としては不十分だと考えていました。証明は次のような形式をもたなければならない，と彼ら

は考えていたのです。

> 数学の対象領域は，（証明なしに正しいと了解できるような）最小限の命題群からなる公理系によって定義づけられていなければならない。
> 公理系に含まれる公理と論理のみによって正しいことが示された命題を**定理**とよぶ。また，定理であることを示す過程を**証明**とよぶ。

「論理のみによって正しいことを示す」とは，命題に含まれている論理結合子の意味に従って論証していくことを意味しています。たとえば，$A \wedge B$ を示すには，A であることと B であることの両方を示さなければなりません。$\forall x \exists P(x,y)$ が正しいことを示すには，各 x に対して，$P(x,y)$ を満たすような y を証拠として提示しなければなりません。

このように証明の作法を限定するなら，古代エジプトの円周率の求め方は証明とはよべないことは明らかでしょう。

なぜ古代ギリシャ人がここまでストイックだったのかについては，古代ギリシャ哲学に関する本に委ねることにして，ここでは，彼らのストイックさが何を生み出したかについて考えることにしましょう。

彼らのストイックさは，数学を事実から解放する，という思わぬ結果をもたらしたのです。事実から解放される，とは，直観では理解しえないものについても合理的に考える方法論を人類が獲得したことを意味します。

4次元空間とか，無限数列の収束といったことは，私たちの日常の感覚をはるかに超えています。「n 次元ホモトピー球面は n 次元球面に同相」[5]かどうかなど，直観によって真実を理解することはできません。ましてや観察に

5）ポアンカレの予想。2007年に完全解決され，ポアンカレの定理となった。

よって事実を確認するなど不可能なことです。

　古代ギリシャで生み出された「証明」という手法によって、私たちは「この世に存在し、目で見て触って確かめることができること」以外のものを、数学的対象として扱い、それらの性質について、呪術以外の方法で知ることができるようになったのです。

　ただし、「事実からの解放」は喜びだけをもたらしたわけではありません。それは、当の古代ギリシャ人さえも戸惑わせる結果にもなったのです。

　「万物は数でできている」と考え、「肉体は魂を閉じ込めている牢獄だ」とし、魂を肉体から解放することこそが重要だと信じていたピタゴラスは、彼自身の論理から発見されてしまった無理数、つまり、数の比であらわすことができない数の存在を受け入れることができませんでした。数の比であらわせない無理数は、数から（有限の方法で）構成することができないことを意味し、「万物は数でできている」ことへの反証になってしまうからです。

　その後も、論理によって帰結される「真理」が、私たちの直観と相容れないことはたびたびありました。たとえば、「連続であるにもかかわらず、いたるところで微分不可能な関数」[6]が発見されたときも、「球を3次元空間内で、有限個の部分に分割し、それらを回転・平行移動操作のみを使ってうまく組み替えることで、もとの球と同じ半径の球を2つ作ることができる」[7]ということが発見されたときにも、当時の数学者は受け入れがたい苦い思いを味わいました。けれども、その証明がまちがっていないことが確かめられたとき、彼らはそれを「真理」として受け入れ、そこから道を切り拓かざるをえなかったのです。

　そういう意味で、古代ギリシャ人の信念「論理だけは時代を超えて必ずや受け入れられる」は、正しかったといえるかもしれません。

　数学は真実に関する学問ですが、事実に関する学問ではありません。数学は真実から真実を導く方法については教えてくれますが、何が事実かは教え

6）ワイエルシュトラウスの例。
7）バナッハ-タルスキーの定理。

てくれません。たとえば，「本当に 4 次元空間は実在するか？」という質問は，数学ではあまり意味をもちません。ですが，数学は 4 次元空間の定義の下でどのようなことが成り立つかについては，みなさんにさまざまなことを伝えてくれることでしょう。また，みなさんが自分自身で自由に 4 次元空間で成り立つ事柄について探究する方法論を十分に与えてくれることでしょう。

では，この節の最後に，冒頭に登場した「2+3=5」という式の証明についてあらためて考えてみることにしましょう。古代ギリシャ人を手本にするならば，私たちはまず $2, 3, 5$ の定義について考えなければなりません。

「2 とは何だろう」とあらためて考えてみると，最初に思いつくのが「1 の次の（自然）数」ということでしょう。つまり，自然数には出発点である 1 に対して，「次の数」を指定する関数 $s(x)$ があり，2 は $s(1)$，3 は $s(s(1))$ の略記だと考えることもできるでしょう。このとき

$$2+3=s(1)+s(s(1))$$

とあらわすことができます。あとは，この $s(x)$ とたし算 $x+y$ という 2 つの関数の関係を公理で定義してやることで，上の式の証明をすることができるはずです。s と $+$ の間にはこんな関係があるはずです。

$$s(x)+y=s(x+y)$$

このことと，たし算の公理（交換法則・結合法則・分配法則）を使うことで，2+3=5 を（事実に依存せずに）論理的に証明することが可能になります。

例題 6.2.1 2+3=5 を証明せよ。

$$2+3=s(1)+s(s(1)) \qquad\qquad (定義による)$$

$$= s\bigl(1+s(s(1))\bigr) \qquad (s(x)+y=s(x+y) \text{ の公理による})$$
$$= s\bigl(s(s(1))+1\bigr) \qquad (\text{たし算の交換法則による})$$
$$= s\bigl(s(s(s(1)))\bigr) \qquad (x+1=s(x) \text{ の公理による})$$
$$= 5 \qquad (\text{定義による})$$

❖

　例題6.2.1の証明を読んで，論理的には納得できたけれども，どうも不自然な感じがする，という感想をもった読者も少なくないかもしれません。たしかに，この証明には，私たちが小学校から習ってきた「自然数らしさ」が感じられません。この違和感は，自然数が（通常）十進法で表現されていることに関係します。

　私たちは小学校でまず，1桁の数どうしのたし算を覚えました。それは論理的に学ぶのではなく，まさに覚えたのです。ということは，1桁どうしのたし算，たとえば $2+3=5$ は公理だと考えてもよいでしょう。そして，2桁以上の数，たとえば，345は 10^2 が3つと10が4つと5の和の略記だと考えます。

$$345 = 3\times 10^2 + 4\times 10 + 5$$

こうしておくと，なぜ $345+178$ が523になるかは，かけ算とたし算の法則によって論理的に説明することができるでしょう。

$$345+178 = (3\times 10^2 + 4\times 10 + 5) + (1\times 10^2 + 7\times 10 + 8)$$
$$\qquad\qquad\qquad\qquad (\text{定義による})$$
$$= (3\times 10^2 + 1\times 10^2) + (4\times 10 + 7\times 10) + (5+8)$$
$$\qquad\qquad\qquad\qquad (\text{交換法則と結合法則による})$$
$$= (3+1)\times 10^2 + (4+7)\times 10 + (5+8) \quad (\text{分配法則による})$$
$$= 4\times 10^2 + 11\times 10 + 13$$
$$= 4\times 10^2 + (10+1)\times 10 + (10+3) \qquad (\text{結合法則による})$$
$$= (4+1)\times 10^2 + 2\times 10 + 3 \quad (\text{分配法則と交換法則による})$$

$$= 5 \times 10^2 + 2 \times 10 + 3$$
$$= 523$$

　これはたし算の筆算がなぜ正しいかの証明にほかなりません。同様に，かけ算の筆算の正しさは，九九の表を公理と考えると，同じように（たし算とかけ算に関する）交換法則・結合法則・分配法則によって，証明することができます[8]。

---

8) 詳しくは，『計算とは何か』の巻で解説する。

6.3 証明の形式

数学の証明には，日常ではあまり使わないような言い回しが出てきます。「よって」「したがって」「つまり」「ゆえに」「以上により」「すなわち」などが代表的な例です。

ですが，この6つの言い回し，よく考えてみると同じ意味です。同じ意味なのに，なぜ6つもバリエーションがあるのでしょう。それには理由があるのです。

定理というものはほぼ例外なく $A \longrightarrow D$ という形をしている，と3.2.4で述べました。では，$A \longrightarrow D$ という形の命題を証明するにはどうしたらよいでしょう。直接 A から D を導くことができればよいですが，なかなかそうはいきません。そのときに私たちは，いくつかのステップをたどりながら，自然に次のように考えるはずです。

A が正しい。
A ならば B である。よって，B が正しい。
B ならば C が正しい。よって，C も正しい。
C ならば D が正しい。よって，D も正しい。
よって，A が正しいとき，D が正しいことがわかる！

つまり，$P \longrightarrow Q$ と $Q \longrightarrow R$ から $P \longrightarrow R$ を導く，という操作を繰り返しながら私たちは証明をしているのです。この操作こそが，証明の最も大きな推進力になります。この操作の意義に着目し，**三段論法**という名前を与えたのは，古代ギリシャの哲学者アリストテレスです。

三段論法
$P \to Q$ と $Q \to R$ から $P \to R$ が導かれる。

証明のあらゆる場面で三段論法が使われるとなると，証明は「よって」で埋め尽くされてしまいます。それはあまりにかっこうが悪い。そこで，「ゆえに」とか「すなわち」などのバリエーションが考え出されたのですね。

たとえば，以下のような簡単な式の変形にも，厳密には三段論法が使われています。わかりやすいように，三段論法を使ったところには「よって」と書くようにしてみましょう。

例題 6.3.1 $3x+5=-1$ を満たす x を求めよ。

$3x+5=-1$ が正しいと仮定します。等式の両辺に同じ数をたすと等しいことがわかっています。
よって，$3x+5+(-5)=-1+(-5)$ が成り立ちます。
よって，$3x=-6$ が成り立ちます。
よって，以下の式が成り立ちます。
$$3x+5=-1 \quad \longrightarrow \quad 3x=-6 \tag{6.6}$$
$3x=-6$ が正しいと仮定します。等式の両辺に同じ数をかけても等しいことがわかっています。
よって，$\frac{1}{3}\times 3x = \frac{1}{3}\times(-6)$ が成り立ちます。
よって，$x=-2$ が成り立ちます。
よって，以下の式が成り立ちます。
$$3x=-6 \quad \longrightarrow \quad x=-2 \tag{6.7}$$
式(6.6)，(6.7)から，三段論法によって次の結果が得られます。

$$3x+5=-1 \quad \longrightarrow \quad x=-2$$

よって，$x=-2$ です。　　　　　　　　　　　　　　　　　　　　❖

　例題6.3.1の証明を一段一段見ていくと，「よって」が使われないのに導入されている命題は，次の2種類に限られることがわかります。

・仮定
・公理

　たとえば，「$3x+5=-1$ が正しい」というのは問題文から直接わかる仮定です。「等式の両辺に同じ数をたすと等しい」「等式の両辺に同じ数をかけても等しい」というのは等号に関する公理です。この2つ以外にも「よって」を使わずに導入してもよい命題があります。それは次のタイプの命題です。

・既知の定理（すでに証明済みの定理）

　証明にあらわれる命題は，仮定・公理・既知の定理以外，三段論法によって導入されると考えてまちがいありません。つまり，証明とは，仮定・公理・既知の定理から，三段論法を用いて結論づけられる命題の列だと考えることができるのです。けれども，命題がただ並んでいるだけでは，どのような論理が使われたか読者にはわかりませんから，「①の式と仮定から，（三段論法を使って）②の式は導かれる」のように説明を適宜挿入します。
　既知の定理というのもまた，「仮定・公理・既知の定理から，三段論法を用いて結論づけられている」はずですから，結局のところ，証明とは仮定と公理から出発し，三段論法だけを使って構成されている文書のことだということになりますね。

CHAPTER 6　証明とは何か

> 証明とは，仮定・公理から，三段論法を用いて結論づけられる命題の列である。

　ところで，私の授業で三段論法の説明を受けた学生の多くが非常に退屈そうな顔をします。誰もが「そんなこと言われなくてもわかっている」と思っているからでしょう。

　ある意味でその感想は正しいといえます。五歳の子でも「火にかけたお鍋はとても熱くなっているのよ。熱いお鍋をさわるとやけどするからね。だから，火にかけたお鍋にさわっちゃだめよ」と諭したら（言うことを守るかどうかは別として）納得してくれます。その説明を聞いて「どうして？」と聞き返す子がいたら，親はびっくりして五歳児検診で保健師さんに相談することでしょう。つまり，五歳の子でも

$$
\begin{array}{rcl}
\text{火にかけた鍋} & \longrightarrow & \text{鍋は熱い} \\
\text{熱い物にさわる} & \longrightarrow & \text{やけどをする}
\end{array}
$$

ことから，「火にかけた鍋にさわると，やけどをする」という三段論法を理解できるのです。

　では，すべての人が厳密な意味での三段論法を使いこなせるか，というと，そうではありません。逆に，三段論法に似た見かけをしているものに人間はすぐにだまされる傾向があるのです。詐欺の多くが「偽三段論法」を使っているのは，そうした人間の心理をうまくついているといえるでしょう。

　次の文章は，「10センチメートル四方の正方形に納まるように無限の長さの曲線を描く方法（アルゴリズム）を書きなさい。そして，なぜその方法で無限の曲線が描けるかを証明しなさい」というレポート課題に対して実際に提出された答案です。

> 10センチメートル四方の正方形の中に次のように曲線を描く。
>
> まずは，直径10センチメートルの円を描き，円が閉じる直前で，その半分の直径（5センチメートル）の円につなぐ。直径5センチメートルの円が閉じる直前で，またその半分の直径の円につなぐ。これを無限に繰り返して渦巻状の曲線を描く。
>
> 一見，これでは最後のほうになると，真っ黒になってしまいそうに思えるが，それは鉛筆で書いているためである。数学における線は，ユークリッドの公理から「幅がない」とされているので，この作業を無限に続けることは可能である。
>
> よって，10センチメートル四方の有限の図形の中にでも，無限の長さの曲線を描くことが可能なのである。

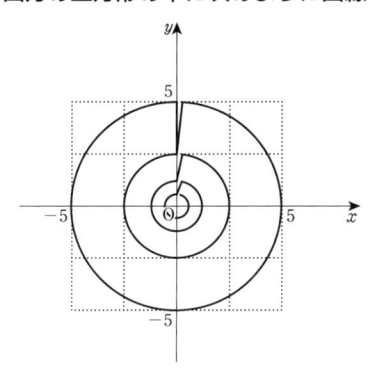

一見とても論理的なように見えますが，この答案はまちがっています。学生たちにこの答案の写しを見せて，どこがまちがっているか指摘するよう求めたところ，彼らはさんざん迷ったあげく，次の2点を指摘しました。

- 「円が閉じる直前」というのがあいまいであり，非論理的である。
- ユークリッドの公理では線は幅がないとされているが，実際に線を描いた場合には「幅がない」ということはありえない。

残念ながら，どちらも的確な指摘ではありません。確かに「円が閉じる直前」というのはあいまいですが，それは，「円が閉じる1%手前で」と書けば明確になります。ですが，上の答案が誤答であることには変わりありません。

また，これは「実際に」無限の曲線が描けるか，といったら，どんな人間にも寿命がある上，地球全体が存在する時間さえも有限なのですから，無限の曲線を描くことなどもともとできることではありません。ただし，この問題はあくまでも数学上の問題ですから，人間の寿命を気にする必要はなく，また，線の幅はゼロと考えてよいのです。

では，いったいこの答案のどこがまちがっているのでしょう。

この答案を整理すると，次のような構造をしているのがわかります。

- 直径の長さが $\frac{10}{2^n}$（ただし，$n=0,1,2,3,\cdots$）であるような同心円 C_n を描くことができる。
- C_n をつないで曲線 l を作ることができる。
- 曲線 l はいくらでも長くなる。
- よって，曲線 l の長さは無限である。

驚くことにこのシンプルな論証の中に決定的な誤りが隠れているのです。

そろそろ，種明かしをしましょうか。結論である「曲線 l の長さは無限である」がどのように導出されたかを詳しく見ると，それは次のような三段論法によると考えられます。

　　　　正の値を無限にたし続ける　　⟶　　値はどんどん大きくなる
値が限りなくどんどん大きくなる　　⟶　　結果として l の長さは無限になる

よって，

正の値を無限にたし続ける　⟶　結果として l の長さは無限になる

最初の文の結論と2番目の文の前提をよく比べてみてください。

・値はどんどん大きくなる
・値が限りなくどんどん大きくなる

この2つ，そっくりなのですが，まったく同じ文ではありません。「そんなちがいは大したことない。どうせ同じ意味（同値）に決まっている」と思うかもしれません。

ところが，この2つの命題は同値では**ない**！のです。しかも，その反例がまさにこのレポートの中で述べられているのです。

この学生は，直径が $\dfrac{10}{2^n}$（$n=0, 1, 2, \cdots$）であるような同心円をつないで渦巻き l を作る，と言っています。つなぎ部分はいくらでも小さくできるので無視すると，l の長さは，およそ

$$\pi\left(10+\frac{10}{2}+\frac{10}{2^2}+\frac{10}{2^3}+\cdots\right)$$

となりますね。確かに，カッコの中身は「どんどん増えて」いきます。整理すると，次のようになります。

$$10\pi\left(\frac{1}{2^0}+\frac{1}{2^1}+\frac{1}{2^2}+\frac{1}{2^3}+\cdots\right)$$

ですが，無限級数の収束のところでふれた定理4.1により，このカッコの中身は2に収束します。

$$\left(\frac{1}{2}\right)^0+\left(\frac{1}{2}\right)^1+\left(\frac{1}{2}\right)^2+\left(\frac{1}{2}\right)^3+\cdots=2$$

よって，l の長さは約62.8センチメートルにしかならないことがわかります。無限にいくらでも渦を描けるということと，結果としてできあがる渦の長さが無限になる，ということは別のことなのです。

CHAPTER **6**　　　証明とは何か

　このレポートでは $A \longrightarrow B$, $B' \longrightarrow C$ の B と B' が一致していないのに三段論法を適用したために結論を誤ったことがわかりました。

　このような論証の過程での誤りを**誤謬**(ごびゅう)といいます。古代ギリシャでは誤謬について熱心に研究されていました。成人男子の市民に限られた民主主義社会とはいえ，議論によって合意形成をする社会では，論証を検証し，相手の誤謬をつく技術を高めることが（そして，うまく誤謬を利用することで相手を納得させる技術も）政治的に非常に重要だったと考えられます。

　ひるがえって現代。マスメディアのプロパガンダや政治家の誤謬をつき，正しい選択ができる市民になるために，この技術はさらに必要を増しているはずです。

　では，最後にこのレポート問題の正解を記すことにします。誤答との微妙なちがいをぜひ味わってみてください。

例題 6.3.2 　10センチメートル四方の正方形の中に無限の長さの曲線を描く方法を示せ。

　この正方形の中に，直径が $10, \dfrac{10}{2}, \dfrac{10}{3}, \dfrac{10}{4}, \cdots$ センチメートルの同心円を描く。

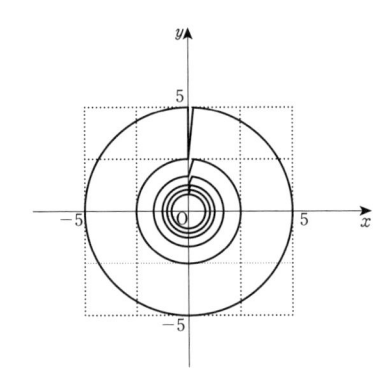

この同心円の円周の総和は，次のようになる。
$$\pi\left(10+\frac{10}{2}+\frac{10}{3}+\frac{10}{4}+\cdots\right)$$
$$=10\pi\times\left(1+\frac{1}{2}+\frac{1}{3}+\frac{1}{4}+\cdots\right)$$

右辺のカッコの中は例題4.4.6の説明（p.149）で示されたように，発散する。

よって，この同心円をつないで渦巻き状の曲線 l を作れば，l の長さは無限になる。 ❖

 ほんの少しのちがいで，数文の意味が決定的にちがってしまうことを実感できたのではないでしょうか。これが数学のやっかいなところでもあり，数学だからこそできる精緻な議論だともいえるでしょう。

CHAPTER 7
数学の作文

和文数訳の章で私は「大学初年級の数学の証明の7割は，命題にあらわれている論理結合子に従えば，『機械的に』証明できる」と書きました。この章ではそのことを実証することにします。ここでは，その題材として大学初年級で学ぶ集合の冒頭部分を取り上げることにします。その準備として，基本的な集合の定義についてまずはおさえておきましょう。

7.1 集合と論理

ものの集まりのことを集合とよびます。

集合 A に属する要素のことを A の**元**とよびます。x が A の元であるとき，$x \in A$ とあらわします。

元をひとつももたないような集合は**空集合**とよび，ϕ であらわします。厳密には空集合は「ものが集まっている」とは言えませんが，定義しておくと便利です。数文であらわすと

$$\forall x\, (x \notin \phi)$$

となります。

集合 A のどんな元も，集合 B に属しているとき，A は B の**部分集合**とよび，$A \subset B$ とあらわします。

例題 7.1.1 「A が B の部分集合である」ことを数文であらわせ。

部分集合の定義には「どんな」という量化子があらわれていますね。そこをうまく扱うのがポイントになります。$A \subset B$ を数訳すると，次のようになります。

$$\forall x\, (x \in A \longrightarrow x \in B) \qquad \diamondsuit$$

これが $A \subset B$ の定義であることを示すには，次のように記述すると便利です。

$$A \subset B \overset{\text{def}}{\Longleftrightarrow} \forall x\, (x \in A \longrightarrow x \in B)$$

途中にある $\overset{\text{def}}{\Longleftrightarrow}$ は「〜を…と定義する」と読みます。

A が B の部分集合で，かつ B が A の部分集合であるとき，A と B は集合として**等しい**といい，$A=B$ であらわします。

例題 7.1.2 「A が B に等しい」ことを数文であらわせ。

部分集合の定義が得られているので，この問題は簡単ですね。
$$A=B \overset{\text{def}}{\Longleftrightarrow} A \subset B \wedge B \subset A$$
❄

このように，あとから行う定義では，それより前に定義された記号を使うことが許されます。

集合 A と集合 B の両方に属する元全体からなる集合を A と B の**共通部分**とよび，$A \cap B$ であらわします。

集合 A と集合 B のどちらかに属する元全体からなる集合を A と B の**和集合**とよび，$A \cup B$ であらわします。

例題 7.1.3 「A と B の共通部分」と「A と B の和集合」をそれぞれ数文であらわせ。

「A と B の共通部分」の定義には「と（両方に）」があらわれます。これは「かつ」をあらわす論理結合子です。一方，「A と B の和集合」の定義には「どちらか」があらわれます。これは「または」をあらわす論理結合子ですね。
$$x \in A \cap B \overset{\text{def}}{\Longleftrightarrow} x \in A \wedge x \in B$$
$$x \in A \cup B \overset{\text{def}}{\Longleftrightarrow} x \in A \vee x \in B$$
❄

ここで，$A \cap B$（や $A \cup B$）は対象であって，関係ではありません。よっ

て，定義する際には，「x は $A\cap B$（や $A\cup B$）の元である」という関係に言い換えてから数文で定義するとよいでしょう。

高校では，共通部分や和集合といった概念をベン図を使ってあらわしました。ですが，ベン図は 4 つ以上の集合の共通部分や和集合をうまくあらわすことができない，という欠点があります。数文ならば，そのような制約はありません。

集合 A に属し，しかも集合 B には属さない元全体からなる集合を A と B の**差集合**とよび，$A-B$ であらわします。

あらかじめ対象となる全体領域 X が仮定されているとき，集合 A には属さない X の元全体からなる集合を A の**補集合**とよび，$\overline{A}$ であらわします。

例題 7.1.4 「A と B の差集合」と「A の補集合」をそれぞれ数文であらわせ。

この 2 つの概念には「〜ない」という論理結合子が登場します。そこに注意して訳しましょう。

$$x\in A-B \stackrel{\text{def}}{\iff} x\in A \wedge x\notin B$$
$$x\in \overline{A} \stackrel{\text{def}}{\iff} x\in X \wedge x\notin A \qquad \text{❖}$$

7.2 証明を書いてみよう

これで準備が整いました。いよいよ大学1年生の気分で，集合の教科書の冒頭の証明問題を解いてみることにしましょう。

例題 7.2.1 次の式が成り立つことを証明せよ。

$$A \cap (B \cup C) = (A \cap B) \cup (A \cap C)$$

証明に使うことができるのは，定義，公理，そして三段論法です。必要であれば，既知の定理を使ってもかまいません。

まず最初にすべきことは問題式の**定義による分解**です。

例題7.1.2の等号の定義から，$A \cap (B \cup C) = (A \cap B) \cup (A \cap C)$ とは

$$(A \cap (B \cup C) \subset (A \cap B) \cup (A \cap C)) \land (A \cap (B \cup C) \supset (A \cap B) \cup (A \cap C))$$

と同値であることがわかっています。後者の数文のいちばん外側にあらわれる論理記号は $\land$ です。「かつ」が登場したら，箇条書きです。この問題では以下の2つの条件を示すことが求められています。

① $A \cap (B \cup C) \subset (A \cap B) \cup (A \cap C)$
② $A \cap (B \cup C) \supset (A \cap B) \cup (A \cap C)$

まずは①の文を証明しましょう。ふたたび，この文の定義にさかのぼります。すると，$A \cap (B \cup C) \subset (A \cap B) \cup (A \cap C)$ という文は

$$\forall x \, (x \in A \cap (B \cup C) \longrightarrow x \in (A \cap B) \cup (A \cap C))$$

と同値であることがわかります。この文のいちばん外側の論理記号は $\forall$ です。よって，まずはじめに「x を $A\cap(B\cup C)$ の任意の元とする」と仮定するべきだ，ということが**自動的**にわかります。

この仮定と共通部分の定義から，まず $x\in A \wedge x\in B\cup C$ が結論づけられます。このことから，$x\in A$ が得られます。さらに，和集合の定義から，$x\in B$ または $x\in C$ であることがわかります。

「または」が登場したので，場合分けをします。$x\in B$ のとき，すでに得ている $x\in A$ という結論とあわせて，$x\in A\cap B$ が結論できます。$x\in C$ のときは，$x\in A\cap C$ が結論できます。つまり，

$$x\in A\cap B \quad \vee \quad x\in A\cap C$$

となります。

和集合の定義により，この式は

$$x\in (A\cap B)\cup(A\cap C)$$

と同値です。

以上により，「x が $A\cap(B\cup C)$ の元ならば，x は $(A\cap B)\cup(A\cap C)$ の元である」ことが証明されました。つまり，

$$A\cap(B\cup C) \subset (A\cap B)\cup(A\cap C)$$

です。

次に②の文を証明しましょう。今度は，「x を $(A\cap B)\cup(A\cap C)$ の任意の元とする」という文から証明を始めなくてはなりませんね。このとき，和集合の定義から

$$x\in A\cap B \quad \vee \quad x\in A\cap C$$

が成り立つことがわかります。

「または」が登場したので，場合分けをします。もし，$x\in A\cap B$ ならば，

共通部分の定義から，$x \in A$ かつ $x \in B$ だと結論できます。一方，$x \in A \cap C$ ならば，やはり共通部分の定義から，$x \in A$ かつ $x \in C$ だと結論できます。

どちらの場合でも $x \in A$ が結論できますね。さらに，$x \in B \lor x \in C$ が結論できます。よって，共通部分の定義から，$x \in A \cap (B \cup C)$ だということがわかります。

以上により，「x が $(A \cap B) \cup (A \cap C)$ の元ならば，x は $A \cap (B \cup C)$ の元である」ことが証明されました。つまり，$(A \cap B) \cup (A \cap C) \subset A \cap (B \cup C)$ です。2つの結論をあわせると，求める式が得られます。

$$A \cap (B \cup C) = (A \cap B) \cup (A \cap C)$$

この証明のうち，当たり前だと思われる部分を省き，コンパクトにまとめたのが，次の証明です。

> $x \in A \cap (B \cup C)$ とする。
> 定義から，$x \in A$ である。さらに，$x \in B$ または $x \in C$ である。
> $x \in B$ のとき，$x \in A$ とあわせると，$x \in A \cap B$ が結論できる。
> $x \in C$ のときも，同様に $x \in A \cap C$ が結論できる。
> 和集合の定義より，$x \in (A \cap B) \cup (A \cap C)$ である。
> よって，$x \in A \cap (B \cup C)$ ならば，$x \in (A \cap B) \cup (A \cap C)$ である。
>
> 逆に，$x \in (A \cap B) \cup (A \cap C)$ としよう。
> 定義から，$x \in A \cap B$ または $x \in A \cap C$ が成り立つ。
> $x \in A \cap B$ の場合，共通部分の定義より，$x \in A$ かつ $x \in B$ が成り立つ。
> 一方，$x \in A \cap C$ ならば，同様に $x \in A$ かつ $x \in C$ が成り立つ。
> どちらにせよ，$x \in A$ が結論でき，さらに，$x \in B \lor x \in C$ が結論できる。和集合の定義から，$x \in B \cup C$ である。
> さらに，$x \in A$ とあわせて，$x \in A \cap (B \cup C)$ が結論できる。

よって，$x \in (A \cap B) \cup (A \cap C)$ ならば，$x \in A \cap (B \cup C)$ である。

以上により，与式 $A \cap (B \cup C) = (A \cap B) \cup (A \cap C)$ が証明された。 ❖

例題7.2.1の証明の中でしたことは，次のとおりです。

- 定義に基づいて文を置き換える。
- いちばん外側の論理記号に着目して，その論理記号が命ずる方法で三段論法を展開する。
- 最小の関係まで分解できたら，また定義に基づいて，結論に書いてある数文を組み上げる。

オリジナリティーを発揮する必要はひとつもありません。ただ，論理記号が命ずるままに三段論法を展開すれば自然に証明ができあがりました。

例題 7.2.2 空集合は任意の集合 A の部分集合であることを証明せよ。

まずは，証明したい命題を数文であらわします。
$$x \in \phi \longrightarrow x \in A$$
ここで，空集合の定義を思い出します（p. 200）。
$$\forall x (x \not\in \phi)$$
つまり，$x \in \phi$ という命題を成り立たせるような x など存在しないのです。$P \longrightarrow Q$ という命題は P がまちがっているとき，自動的に正しいのですから，問題文 $x \in \phi \longrightarrow x \in A$ は常に正しい，ということになります。 ❖

7.2 証明を書いてみよう

　例題7.2.2のような問題を見ると，「空集合というのは何もないということで，0のようなものだから……」というように考え込んでしまう人が少なくありません。まずは問題文を数訳し，ページをめくって定義が書いてある場所を探しましょう。必ず道は開けます。

例題 7.2.3 $A \subset B$ ならば，任意の C に対して，$A \cap C \subset B \cap C$ が成り立つことを証明せよ。

　ここで，まず読み解かなければならないのが，証明すべき主文です。それは，$A \cap C \subset B \cap C$ ですね。つまり，
$$x \in A \cap C \longrightarrow x \in B \cap C$$
が証明すべき命題です。その証明にあたって，仮定である $A \subset B$ を使います。

　よって，最初に書くべき文は，「$x \in A \cap C$ とする」です[1]。

　このとき，定義から，$x \in A$ かつ $x \in C$ であることがわかります。このとき，仮定 $A \subset B$ から，$x \in B$ であることがわかります。よって，$x \in B \land x \in C$ を結論することができます。共通部分の定義から，$x \in B \cap C$ となります。

　以上により，
$$x \in A \cap C \longrightarrow x \in B \cap C$$
が成り立ちます。すなわち，$A \cap C \subset B \cap C$ が結論づけられました。

❖

　やはり，定義と仮定だけを使いつつ，論理記号が命じる方法に従って三段論法を展開していけば自然に証明できましたね。

　実は，この例題7.2.3，私が教えるとある大学の中間試験で7割以上の学生が正しく証明できなかった命題なのです。証明のお作法を身につけていないと，簡単な証明問題でもつまずいてしまう典型的な例です。

---

1) 決して，$x \in A$ とする，ではない。

どうでしょう。これで少しは信じてもらえたでしょうか。大学初年級の数学の証明問題は，高等テクニックも暗記も必要ありません。論理記号に身をゆだねさえすれば自然に解けるのです。

ただし，期末試験の会場に行く前に，基本的な用語の定義だけは覚えていかなければなりません。それは語学の試験と同じです。

演習問題 7.2.1　次の式が成り立つことを証明せよ。　　　　（解答は p. 222）

1. $A \cup (B \cap C) = (A \cup B) \cap (A \cup C)$
2. $A \subset B \iff A \cap B = A$
3. $\overline{\overline{A}} = A$　　　（$\overline{A}$ は $\overline{A}$ の補集合のこと）
4. $A - B = A \iff A \cap B = \phi$

7.3 数学的帰納法

「すべての証明が定義と公理と仮定から三段論法だけを使って構成されているなら，なぜ図形の証明と数論の証明はあんなに形がちがうのだろう」と不思議に思った読者もいるかもしれません。

数学には，図形や代数，解析学や基礎論などさまざまな分野があります。そして，それぞれに特有の証明方法があります。こうした証明方法のちがいは，それぞれの分野が前提としている公理が異なることに由来します。

たとえば，私たちは算数のドリルを通じて，どんな自然数 n と m についても，$n \div m$ の商 r と余り s が一意に決まることを経験的に知っています。

---

n, m を自然数とする。そのとき
$$n = mr + s,\ 0 \leq s < m$$
を成り立たせる非負の整数 r, s がただ1組だけ存在する。

これは自然数特有の性質ですね。実数や有理数では成り立ちません。

このような自然数特有の性質を証明するための方法，それがパスカルによって17世紀に発見された**数学的帰納法**とよばれる方法です。数学的帰納法は次のような命題としてあらわされます。

> **〈数学的帰納法〉**
> 自然数 n に関する性質 $Q(n)$ について,次の 2 つのことが示されたとする。
> 1. $Q(1)$ が正しい。
> 2. 任意の自然数 k について,$Q(k)$ が正しいと仮定すると,$Q(k+1)$ が正しい。
>
> このとき,任意の自然数 n について,$Q(n)$ が正しい。

数学的帰納法は,自然数論の公理として採用されています。

よって,自然数の性質を示すときには,通常の三段論法に加えて,数学的帰納法も使うことができます。自然数特有の性質で $\forall n\, P(n)$ という形をしている命題があったなら,ほぼまちがいなくそれは数学的帰納法で証明されるのです。

数学的帰納法は三段論法のドミノ倒しのような構造をしています。

$Q(1)$ が正しく,$Q(1) \longrightarrow Q(2)$ が正しいので,(三段論法により)$Q(2)$ が正しい。

$Q(2)$ が正しく,$Q(2) \longrightarrow Q(3)$ が正しいので,(三段論法により)$Q(3)$ が正しい。

$Q(3)$ が正しく,$Q(3) \longrightarrow Q(4)$ が正しいので,(三段論法により)$Q(4)$ が正しい。

(以下,同文)

n が自然数ならば,$1, 2, 3, \cdots$ のどれかに当てはまるでしょう。よって,$Q(n)$ が成り立つ,ということになります。一方,自然数以外の数 x についてはこのドミノ倒しの連鎖から漏れていますから,$Q(x)$ が成り立つかどうかわかりません。

では,数学的帰納法を使って,ごく当たり前だと私たちが考えている自然

数の性質を実際に証明してみましょう。

例題 7.3.1 「任意の自然数 n について，n より小さな自然数全体の集合 A_n は有限集合である」ことを証明せよ。

n より小さな自然数は，$n-1$ 個しかないのだから，それは有限に決まっている，と思うかもしれません。ですが，ここで n は変数なのですから，$n-1$ 個というのが有限かどうかは直ちにはわからないのです。
この命題を証明するには，数学的帰納法が必要になります。

⟨$n=1$ のとき⟩
　1 より小さな自然数は存在しない。A_1 は空集合である。空集合は有限集合であるから，命題は成り立つ。
⟨$n=k$ のとき，命題が成り立つと仮定する⟩
⟨$n=k+1$ のとき⟩
　$m<k+1$ ならば，$m<k$ または $m=k$ である。よって，
$$A_{k+1} = A_k \cup \{k\}$$
帰納法の仮定により A_k は有限集合。よって，A_{k+1} もまた有限集合である。
以上により，すべての自然数 n について A_n が有限集合であることが示された。　　　　　　　　　　　　　　　　　　　　　　　　❖

この性質は，実数でも，有理数でも，整数でも成り立たない性質であることに注意しましょう。実は，例題 7.3.1 の性質は，自然数の最も本質的な性質なのです。例題 7.3.1 の性質から逆に数学的帰納法を導くことができるのです[2]。

2）読者自身で確かめられたい。

以下の公理は互いに同値であることを覚えておくとよいでしょう。

1. 数学的帰納法
2. 任意の自然数 n について，n より小さい自然数全体の集合は有限集合である。
3. 自然数に関する性質 $Q(n)$ について，次の 2 つのことが示されたとする。
   (a) $Q(1)$ が正しい。
   (b) 任意の自然数 $k<n$ について，$Q(k)$ が正しいと仮定すると，$Q(n)$ は正しい。
   このとき，任意の自然数 n について，$Q(n)$ は正しい。

(数学的帰納法の別バージョン)

では，数学的帰納法の別バージョンを使って，商と余りに関する定理を証明してみましょう。

定理 7.1

n, m を自然数とする。そのとき
$$n = mr + s,\ 0 \leq s < m$$
を成り立たせる非負の整数 r, s がただ 1 組だけ存在する。

この定理を「r, s の組が存在する」という存在性と，「その組が一意に決まる」という一意性に分けて証明を行うことにします。

存在性に関する証明

まず，$n<m$ のときは，$r=0,\ s=m$ とすればよい。$n=m$ のときは $r=1,\ s=0$ とすればよい。

$n>m$ のとき，命題を満たすような非負の整数 r, s が存在することを，n に関する数学的帰納法で証明する。

$n=2$ のとき，$m=1$ である。よって，$r=2$, $s=0$ とすればよい[3]。

すべての $0<n'<n$ について $n'=mr+s$ $(0\leq s<m)$ となるような非負の整数 r,s の組が存在すると仮定する。

このとき，$0<n-m<n$ なので，$n-m=mr+s$ $(0\leq s<m)$ となるような非負の整数 r,s の組が存在する。これを次のように変形する。

$$n-m=mr+s$$
$$n=m(r+1)+s$$

よって，$r+1$ と s が題意を満たす。

以上により，任意の自然数 n と m について，$n=mr+s$ $(0\leq s<m)$ を満たすような非負の整数 r,s の組が存在することが示された。

一意性に関する証明

$n=rm+s=r'm+s'$ （ただし，$0\leq s<m$ かつ $0\leq s'<m$）と2通りにあらわせたとする。仮に，$r<r'$ ならば，

$$r'm+s'-(rm+s)=0$$
$$m(r'-r)+(s'-s)=0$$
$$m(r'-r)=s-s'$$

$r<r'$ であるから，左辺は m 以上である。一方，s,s' のとり方から，右辺は m より小さい。これは矛盾である。よって，$r \not< r'$ となる。同様に，$r' \not< r$ も導くことができる。したがって，$r=r'$ でなければならない。$r=r'$ ならば，$m(r'-r)=s-s'$ より，$s=s'$ となる。以上により，一意性が示された。 ❖

この証明をはじめて見ると「むずかしい」と思うかもしれません。ですが，これは誰もが考えるはずの証明を一般化しただけなのです。

もしあなたが，この定理を証明しなさい，と言われたら，最初に具体的な

---

[3] $n=1$ のケースは，$n<m$ または $n=m$ のケースに含まれる。

数のことを考えるはずです．たとえば，$n=10$，$m=3$ で考えてみます．$10\div 3$ の商と余りは，10より3少ない7について $7\div 3$ の商と余りが決まれば1通りに決まります．$7\div 3$ の商に1たせば，$10\div 3$ の商になりますし，余りは等しいからです．

$7\div 3$ の商と余りは $4\div 3$ の商と余りが決まれば1通りに決まります．同様に $4\div 3$ の商と余りは，$1\div 3$ の商と余りが決まれば，1通りに決まります．が，$1<3$ なので，商は0，余りは1です．このことから $10\div 3$ の商は $0+1+1+1=3$，そして余りは1に1通りに決まることがわかるのです．

最初にどんなに大きな数を選んでも，最後は必ず m より小さな数に行きつきます．なぜなら，自然数では，任意の数 n に対して，それより小さな数の集合は有限集合だからです．そして，まさにそれこそが自然数の最も基本的な性質なのです．

ところで，少なからぬ高校生が，教科書の数学的帰納法のところを読むと次のような疑問をもちます．

> 「任意の自然数 k について，$Q(k)$ が正しいと仮定する」ならば，当然「任意の自然数 n について，$Q(n)$ が正しい」に決まっている．なぜこれで証明になっているのだろう．

これは数学的帰納法の読解に失敗しているために起こる誤解です．この誤解は，数学的帰納法を数文であらわすことである程度解消します．実際に数学的帰納法を数文に訳してみることにしましょう．

例題 7.3.2 数学的帰納法を数文に訳せ．

数学的帰納法には2つの仮定があります．ひとつは
(1) $Q(1)$ が正しい

という仮定です。そしてもうひとつが，
(2) すべての k について，$Q(k) \longrightarrow Q(k+1)$ が正しい
という仮定です。仮定部分だけをまずは数訳してみましょう。

$$Q(1) \land \forall k \bigl(Q(k) \longrightarrow Q(k+1) \bigr)$$

そして，結論は「すべての n について $Q(n)$ が正しい」ですね。この部分も数訳してみましょう。

$$\forall n \bigl(Q(n) \bigr)$$

前後を「ならば」でつなげば完成です。

$$\bigl(Q(1) \land \forall k \bigl(Q(k) \longrightarrow Q(k+1) \bigr) \bigr) \longrightarrow \forall n\, Q(n) \quad \cdots (*)$$

　ここで，話がこんがらがったりしないように変数を k, n と2つ登場させていますが，次のように書いても同じことです。

$$\bigl(Q(1) \land \forall n \bigl(Q(n) \longrightarrow Q(n+1) \bigr) \bigr) \longrightarrow \forall n\, Q(n)$$

　式 $(*)$ をよく見ると，仮定に登場する量化子 $\forall$ は，$Q(k)$ だけにかかっているのではなく，$\bigl(Q(k) \longrightarrow Q(k+1)\bigr)$ にかかっていることがわかります。「任意の自然数 k について，$Q(k)$ が正しいと仮定」しているのではなく，「任意の自然数 k について，$Q(k) \longrightarrow Q(k+1)$ が正しいと仮定」しているのです。ここを誤読しないようにしましょう。

　もうひとつ，数学的帰納法を使った定理を証明してみましょう。この定理は「フェルマーの小定理」とよばれています。数学に興味のある読者ならばフェルマーという名前を聞いたことがあるかもしれません。フェルマーは17世紀初頭の数学者です。法学を学び弁護士となり，政治家にもなった傍ら，趣味で数学の研究を行いました。特に，自然数のさまざまな美しい性質を発見したことで知られています。

　今回は説明を省いて，シンプルに証明します。行間を補いつつ読解してみ

てください。

> **定理 7.2** フェルマーの小定理
>
> p が素数ならば，任意の自然数 n について，$n^p - n$ は p で割り切れる。

証明

n に関する数学的帰納法によって証明する。

$n=1$ とする。このとき，$n^p - n = 0$ である。よって，p で割り切れる。

$n=k$ のとき，命題が成り立つと仮定する。つまり，ある自然数 m が存在し，$k^p - k = mp$ とあらわすことができる。このとき，二項定理によって，$(k+1)^p - (k+1)$ は次のように変形することができる。

$$(k+1)^p - (k+1) = \sum_{r=0}^{p} {}_pC_r k^r - (k+1)$$
$$= 1 + {}_pC_1 k + {}_pC_2 k^2 + \cdots + {}_pC_r k^r + \cdots + k^p - (k+1)$$
$$= 1 + {}_pC_1 k + {}_pC_2 k^2 + \cdots + {}_pC_r k^r + \cdots + {}_pC_{p-1} k^{p-1} + (k^p - k) - 1$$
$$= {}_pC_1 k + {}_pC_2 k^2 + \cdots + {}_pC_r k^r + \cdots + {}_pC_{p-1} k^{p-1} + (k^p - k)$$

帰納法の仮定により，$(k^p - k)$ は p で割り切れる。

次に，${}_pC_1 k + {}_pC_2 k^2 + \cdots + {}_pC_r k^r + \cdots + {}_pC_{p-1} k^{p-1}$ が p で割り切れるかを検討する。${}_pC_i$ の各項 $(1 \leq i \leq p-1)$ は，${}_{p-1}C_{i-1} \cdot \dfrac{p}{i}$ とあらわされる。ここで，p は素数で，かつ，${}_{p-1}C_{i-1} \cdot \dfrac{p}{i}$ は自然数であることから，${}_{p-1}C_{i-1}$ が i で割り切れなければならない。よって，${}_{p-1}C_{i-1} \cdot \dfrac{p}{i}$ は p の倍数となる。以上により，$(k+1)^p - (k+1)$ は p で割り切れることが示された。

したがって，任意の自然数 n について $n^p - n$ は p で割り切れる。　❈

以上で，みなさんは数学における証明の技術のほぼすべてを手に入れたこ

とになります。では，最後に少し意地悪な問題です。次の証明のどこに欠陥があるか，わかるでしょうか。

演習問題 7.3.1　「すべての馬は同じ色をしている」という命題を次のように数学的帰納法によって証明した。この証明のどこに誤りがあるかを指摘せよ[4]。

馬の数を n とする。$n=1$ のとき，馬は 1 頭しかいない。よって，すべての馬は同じ色をしている，という命題は正しい。

次に，馬の数が n のときに命題が正しいと仮定し，馬が $(n+1)$ 頭のときも命題が正しいことを次のように示す。

$(n+1)$ 頭の馬を整列させる。

前から数えて n 頭目までの馬に着目すると，帰納法の仮定によりすべて同じ色である。一方，後ろから数えて n 頭目までの馬に着目すると，同じく帰納法の仮定によりすべて同じ色をしている。すると，前から 2 頭目から始まって，後ろから 2 頭目までの馬はどちらのグループにも属しているから同じ色でなければならない。よって，1 頭目から $(n+1)$ 頭目まですべての馬が同色でなければならない。よって，馬が $(n+1)$ 頭のときも命題は正しい。

よってすべての自然数 n について命題は正しく，すべての馬は同じ色をしていることになる。(証明終)

ヒント：$n=2$ の場合を考えよう。　　　　　　　　　　(解答は p. 223)

---

4) この愉快な問題は，『コンピュータの数学』(グレアム，クヌース，パタシュニク共著) にも登場する伝説的な演習問題である。

7.4 「補題」はなぜ必要なのか

前節の最後にフェルマーの小定理を紹介しました。

フェルマーは数々の発見をしていますが，その中でも彼の名前を有名にしたのは「フェルマーの大定理（最終定理）」とよばれる定理です。

> **定理 7.3** フェルマーの大定理
>
> 方程式 $x^n+y^n=z^n$ は $3 \leq n$ のとき，n, x, y, z の対象領域を自然数とすると自然数解をもたない。つまり，
> $$\forall n \geq 3 \ \forall x \ \forall y \ \forall z \, (x^n+y^n \neq z^n)$$
> が成り立つ。

三平方の定理の単元で，私たちは $3^2+4^2=5^2$ や $5^2+12^2=13^2$ が成り立つことを習いましたね。つまり，$x^2+y^2=z^2$ という方程式は自然数の解をもつわけです。けれども，$x^3+y^3=z^3$ はそうではない。それどころか，$n \geq 3$ では $x^n+y^n=z^n$ はどれも自明な解（$x=y=z=0$）以外の自然数解をもたない，というのがフェルマーの発見なのです。

フェルマー自身の証明は残っておらず，長い間，数学の未解決問題の筆頭としてあげられていましたが，この問題は20世紀の終わり近く，ちょうど若い読者のみなさんが生まれたころ，ようやくワイルズによって解決されました。

ワイルズによる証明には，日本人数学者のとある予想が大きくかかわっています。それは，こんな予想です。

> すべての楕円曲線はモジュラーである。

　この予想は提唱者の名前にちなんで，谷山・志村予想とよばれています。ワイルズはこの予想の重要部分を証明することによって，フェルマーの大定理を解決したのです。谷山・志村予想（の一部）は，フェルマーの大定理を証明するための重要な命題，数学でいうと**補題**として活用されているのです。

　いったいどのようにワイルズは証明をしたのでしょう。『数学ガール　フェルマーの最終定理』には，こんなあらすじが紹介されています。

〈フェルマーの最終定理〉証明の概略
1．仮定：フェルマーの最終定理は成り立たない。
2．仮定から，フライ曲線が作れる。
3．フライ曲線：半安定な楕円曲線だが，モジュラーではない。
4．すなわち「モジュラーではない半安定な楕円曲線が存在する」。
5．ワイルズの定理：すべての半安定な楕円曲線は，モジュラーである。
6．すなわち「モジュラーではない半安定な楕円曲線は存在しない」。
7．上記4.と6.は矛盾する。
8．したがってフェルマーの最終定理は成り立つ。

（結城　浩『数学ガール　フェルマーの最終定理』より）

　ここでも背理法が使われているようですね。
　さて，問題はここからです。フェルマーの大定理

$$\forall n \geqq 3 \ \forall x \ \forall y \ \forall z \, (x^n + y^n \neq z^n)$$

に出てくる関係は，$=$ だけですね。そして，登場する関数は $f(x) = x^n$ と

CHAPTER 7 数学の作文

$g(x, y) = x + y$ のみです。一方，谷山・志村予想に使われる関係や関数はずっと複雑です。フェルマーの大定理に書かれている関係「＝」と論理記号から機械的にこの証明を引き出すことなど，とうていできそうにありません。

どうして，大学初年級の教科書に掲載されている多くの証明問題は機械的に証明できるのに，フェルマーの大定理はそうはいかないのでしょう。それは，三段論法の形に理由があります。

もう一度おさらいしておきます。

> **三段論法**
> $P \to Q$ と $Q \to R$ から $P \to R$ が導かれる。

ここで，最終的に導きたい命題（定理）は R です。そして，P は与えられた仮定・公理をあらわすと考えましょう。初等的な証明の多くでは，Q として，仮定 P と結論 R の中間にあたるような命題だけを考えればよいのです。そのため，R の形から機械的に証明を構成することができるのです。

ですが，仮定 P にも結論 R にも似ていないような命題 Q を使わないと，うまく証明できないような命題もあります。そのとき，人間はオリジナリティーを発揮して，証明を生み出さなければならないのです。

では，フェルマーの大定理の証明から，谷山・志村予想を取り除き，もっと簡単に証明することはできないのでしょうか。

実は多くの数理論理学者が，フェルマーの定理はもっと初等的な証明をもつはずだ，と予想しています。ただし，それが「簡単な証明」である保証はありません。その証明の長さが天文学的に膨大になる可能性があるからです。

1.3節で紹介した『吾輩は猫である』のことを思い出しましょう。三毛子

の説明は初等的でしたが，吾輩にはわかりにくいものでしたね。初等的な説明（証明）であっても，その量が膨大になれば，かえってわかりにくくなる可能性があるのです。

　フェルマーの大定理の証明に使われる三段論法の回数が，星の数より多かったら，と想像してごらんなさい。ワイルズの証明を読んだほうがずっと楽，という気になりますから。

演習問題解答

演習問題7.2.1 （p. 208）
1．$A\cup(B\cap C)=(A\cup B)\cap(A\cup C)$を示すには（集合の等号に関する定義より），
$$A\cup(B\cap C) \supset (A\cup B) \cap (A\cup C) \quad \cdots ①$$
$$A\cup(B\cap C) \subset (A\cup B) \cap (A\cup C) \quad \cdots ②$$
の両方を示せばよい。

まず①を示す。

xを$(A\cup B)\cap(A\cup C)$の任意の元とする。このとき，$x\in(A\cup B)$かつ$x\in(A\cup C)$である。

$x\in A$であれば，$A\subset A\cup(B\cap C)$であることから，直ちに$x\in A\cup(B\cap C)$である。

一方，$x\notin A$であれば，$x\in B$であり，かつ$x\in C$である。よって，共通部分の定義から$x\in B\cap C$である。したがって，$x\in A\cup(B\cap C)$である。

どちらにせよ，$x\in A\cup(B\cap C)$が成り立つため，①が示された。

次に②を示す。

xを$A\cup(B\cap C)$の任意の元とする。このとき，和集合の定義より，$x\in A$または$x\in B\cap C$である。

$x\in A$であれば，$A\subset A\cup B$により，$x\in A\cup B$である。同様に，$A\subset A\cup C$により$x\in A\cup C$である。よって，$x\in(A\cup B)\cap(A\cup C)$である。

一方，$x\in B\cap C$ならば，$B\cap C\subset B$により，$x\in B$である。また，$B\subset A\cup B$により，$x\in A\cup B$である。さらに，$x\in C$でもあるから，$x\in A\cup C$も同様に成り立つ。よって，$x\in(A\cup B)\cap(A\cup C)$である。

どちらにせよ，$x\in(A\cup B)\cap(A\cup C)$が成り立つため，②が示された。

2. $A\cap B\subset A$ は明らかなので，$A\subset B \longleftrightarrow A\cap B\supset A$ を示せばよい。

まず，$A\subset B$ と仮定しよう。このとき，x を A の任意の元とする。部分集合の定義から $x\in B$ である。よって，$x\in A\cap B$ となる。したがって，$A\cap B\supset A$ が成り立つ。

次に $A\cap B\supset A$ を仮定しよう。このとき，x を A の任意の元とする。共通部分の定義から，$x\in B$ である。したがって，$A\subset B$ が成り立つ。

以上により，$A\subset B \longleftrightarrow A\cap B\supset A$ が示された。

3. 補集合の定義と二重否定の法則から次が成り立つ。
$$x\in \overline{\overline{A}} \longleftrightarrow \neg(x\in \overline{A})$$
$$\longleftrightarrow \neg\neg(x\in A)$$
$$\longleftrightarrow x\in A$$

4. 定義から $A-B\subset A$ は明らかなので，$A-B\supset A \longleftrightarrow A\cap B=\phi$ を示せばよい。

まず，$A-B\supset A$ と仮定する。x を A の任意の元とすると，仮定から $x\notin B$ である。よって，$A\cap B=\phi$ となる。

次に，$A\cap B=\phi$ と仮定する。x を A の任意の元とすると，x は B の元にはなりえないので，$x\in A-B$ である。

以上により，$A-B\supset A \longleftrightarrow A\cap B=\phi$ が示された。 ❖

演習問題7.3.1 (p. 217)

$n=2$，つまり馬が 2 頭のケースを考えてみよう。このとき，「前から $n-1$ 頭の馬」とは最初の馬のことであり，「後ろから $n-1$ 頭の馬」とは 2 頭目の馬のことである。両者の間には重なりはない。よって，1 頭目と 2 頭目の色が異なっていてもかまわないのである。❖

CHAPTER **8**

終章──ふたたび古代ギリシャへ

CHAPTER 8　　　　　　　　　終章

　これまで，自然言語で曖昧に書かれた命題を数文に訳す技法，そして，数文で書かれた命題の論理記号に着目して，証明を書く技法について解説してきました。

　驚くべきことに，これらの技法はどちらもユークリッドの時代，古代ギリシャで確立されたまま，ほとんど変更されることなく，現代でも使われています。しかも，数学で発明されたこの記述技法は数学にとどまらず，科学全体の共通言語として広く使われているのです。証明が生まれた当時の証明を，最後にひとつ紹介することにしましょう。

　みなさんは小学 5 年生のときに，円の面積の公式を習いましたね。そのとき先生が黒板に書いた図を覚えていますか？

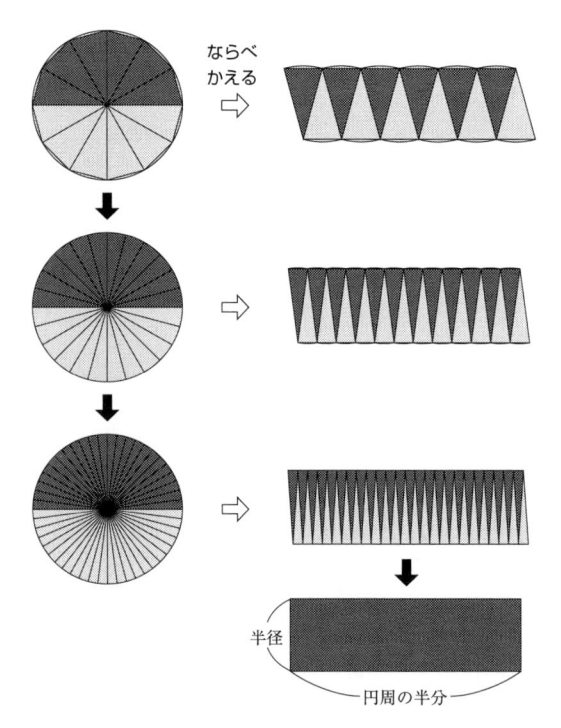

（東京書籍『新編 新しい算数 5 下』より）

　つまり，こういうことです。

> 円を扇形に分割し，それを上下に組み合わせる。この分割を非常に細かくすると，図は長方形に非常に近くなる。長方形の面積は「(底辺)×(高さ)」で求められる。この図の底辺は円周の半分に等しく，高さは半径に等しい。よって，半径を r とすると，円の面積は次のようになる。
> $$円の面積 = \pi r \times r$$
> $$= \pi r^2$$

　この図を見て，クラスの半分くらいの子は思ったはずです。

　「でも，いくら細かく分割しても，上辺と下辺はまっすぐにならないよ。やっぱり扇形はいくら分割しても扇形で，長方形にはならないんじゃないかな」と。

　扇形分割の説明を思いついたのは古代ギリシャの数学者アルキメデスですが，アルキメデス自身，この議論は当時のギリシャ社会では受け入れられない，と感じていました。「扇形はいくら分割しても扇形で，長方形にはならない」と指摘されたら，論理的に反駁することができない，と思ったのです。それほど，当時のギリシャ社会では，論理が重んじられていたのですね。

　そこでアルキメデスは別の証明方法を考え，著書『円の測定』の中に書き残しました。そこで使われているのが**背理法**と**取りつくし法**です。

　その基本的な考え方はこうです。半径 r の円に内接する正 n 角形の面積は，n が大きくなればなるほど円の面積に下から限りなく近づきます。もし，円の面積が πr^2 よりも大きいならば，いつしか，内接正 n 角形の面積も πr^2 を超えるはずなのです。しかし，それは内接正 n 角形の周の長さが $2\pi r$ よりも小さいという既知の事実に矛盾します。

　逆に，外接正 n 角形の面積は，n が大きくなればなるほど円の面積に上から限りなく近づきます。もし，円の面積が πr^2 よりも小さいならば，いつしか外接正 n 角形の面積も πr^2 を下回るはずなのです。しかし，それは

外接正 n 角形の周の長さが $2\pi r$ よりも大きいという既知の事実にやはり矛盾します。どちらにせよ，矛盾を生じるので，円の面積は πr^2 に等しくならざるをえない，というのがアルキメデスの証明です。

ここでは，パスカルの力を借りて，取りつくし法の部分を帰納法で書き直し，より厳密な形で紹介します。

補題 8.1

半径 r の円の面積を S とする。この円に内接する正 2^n 角形の面積を T_n $(2 \leq n)$ とおき，外接する正 2^n 角形の面積を R_n とおく。このとき，次の2つの不等式が成り立つ。

$$T_n < \pi r^2 \tag{8.1}$$
$$\pi r^2 < R_n \tag{8.2}$$

証明

内接正 2^n 角形の1辺の長さを l，円の中心から内接正 2^n 角形の1辺に下ろした垂線の長さを h とおくと，T_n は $\dfrac{2^n}{2} lh$ とあらわされる。

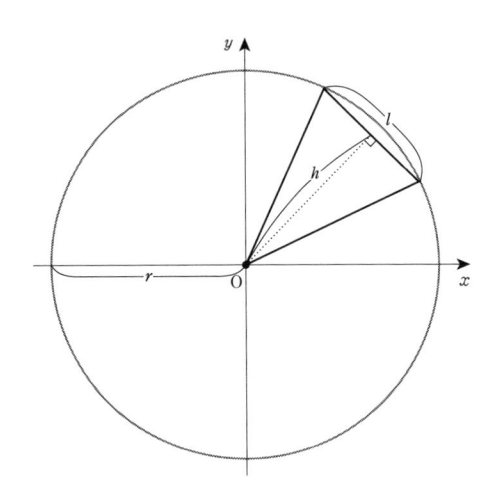

ここで，$2^n l < 2\pi r$ と $h < r$ であることを利用すると，次の不等式が得られる。

$$T_n < \pi r^2$$

これにより式(8.1)が証明された。

同様に，外接正 2^n 角形の1辺の長さを p，円の中心から外接正 2^n 角形の1辺に下ろした垂線の長さを g とおくと，R_n は $\dfrac{2^n}{2}pg$ とあらわされる。

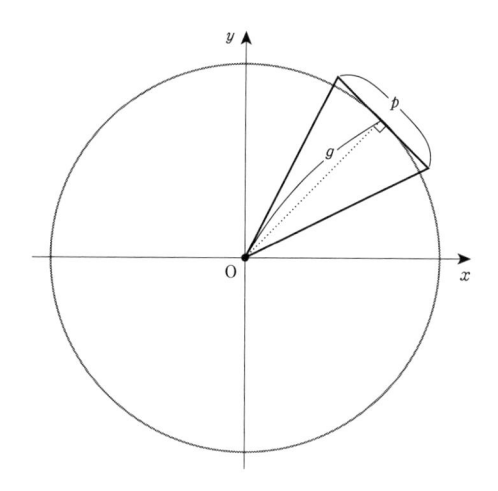

ここで，$2\pi r < 2^n p$ である[1]ことを利用すると，次の不等式が得られる。

$$\pi r^2 < R_n$$

これにより式(8.2)が証明された。

---

1) ただし，この事実の証明は，決して自明ではない。

> **補題 8.2**
>
> 半径 r の円の面積を S とする。この円に内接する正 2^n 角形の面積を T_n $(2 \leqq n)$ とおき，外接する正 2^n 角形の面積を R_n とおく。このとき，次の 2 つの不等式が成り立つ。
> $$\frac{2^{n-1}-1}{2^{n-1}}S < T_n$$
> $$R_n < \frac{2^{n-2}+1}{2^{n-2}}S$$

証明

n に関する数学的帰納法によって証明する。

$n=2$ とする。

このとき，T_2 とはこの円の内接正方形の面積であり，R_2 とは外接正方形の面積である。

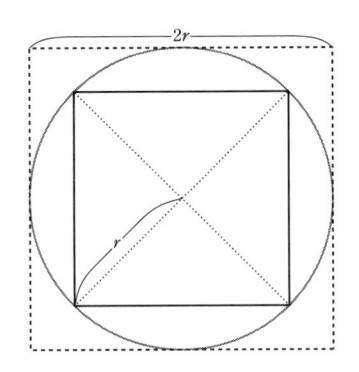

円に内接する正方形の対角線の長さは，$2r$ に等しい。よって，次の式が成り立つ。

$$T_2 = 2r \times r = 2r^2$$

一方，この円に外接する正方形の 1 辺の長さは $2r$ である。よって，R_2 の面積は $4r^2$ である。したがって，

$$R_2 = 2T_2 \tag{8.3}$$

が成り立つ。ここで，「部分は全体よりも小さい」というユークリッドの公理により，次の2つの不等式が成り立つことに注意しよう。

$$T_2 < S < R_2 \tag{8.4}$$

このことから，次の不等式が成り立つ。

$$\frac{1}{2}S < \frac{1}{2}R_2 = T_2 \quad (式(8.3)と式(8.4)より)$$

$$\frac{2^{2-1}-1}{2^{2-1}}S < T_2$$

同様に次の不等式が成り立つ。

$$R_2 = 2T_2 < 2S \quad (式(8.3)と式(8.4)より)$$

$$R_2 < \frac{2^{2-2}+1}{2^{2-2}}S$$

以上により，$n=2$ の場合が証明された。

次に，$n=k$ のとき命題が成り立つと仮定しよう。すなわち

$$\frac{2^{k-1}-1}{2^{k-1}}S < T_k \quad \text{かつ} \quad R_k < \frac{2^{k-2}+1}{2^{k-2}}S$$

が成り立つとする。

このとき，内接正 2^k 角形の1辺 AB の中点を H，AB の垂直二等分線が円と交わる点を K とおく。K は内接正 2^{k+1} 角形の頂点となることに注意する。つまり，以下の等式が成り立つ。

$$T_{k+1} = T_k + 2^k \triangle \text{KAB} \tag{8.5}$$

A, B を頂点とし，K を通る長方形の残りの頂点を C, D とする。このと

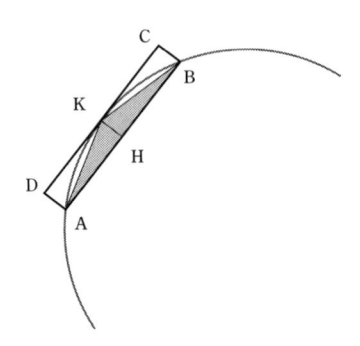

き，△KAB の面積は長方形 ABCD の面積の $\frac{1}{2}$ になる。よって，弧 AKB と線分 AB が囲む部分の面積は，△KAB の面積とその 2 倍の間にある。

以上をまとめると，次のことがいえる。

$$△KAB < \text{弧 AKB と線分 AB に囲まれた部分} < 2△KAB$$
$$2^k△KAB < S - T_k < 2^{k+1}△KAB$$
$$\frac{1}{2}(S - T_k) < 2^k△KAB < S - T_k$$

このとき，T_{k+1} の面積について以下の不等式が成り立つ。

$$\begin{aligned}
T_{k+1} &= T_k + 2^k△KAB &&\text{(式(8.5)より)}\\
&> T_k + \frac{1}{2}(S - T_k) \\
&= \frac{1}{2}T_k + \frac{1}{2}S \\
&> \frac{2^{k-1} - 1}{2^k}S + \frac{1}{2}S &&\text{(帰納法の仮定より)}\\
&= \frac{2^{k-1} - 1 + 2^{k-1}}{2^k}S \\
&= \frac{2^k - 1}{2^k}S
\end{aligned}$$

よって，

$$\frac{2^k - 1}{2^k}S < T_{k+1}$$

となる。

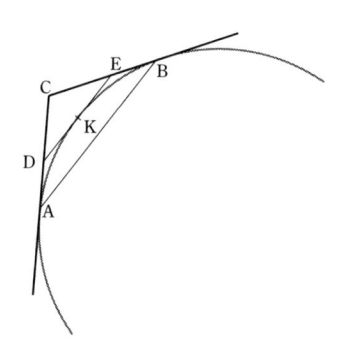

一方，円に外接する正2^k角形の頂点のひとつをCとし，Cを端点とする正2^k角形の2辺が円と接する点をそれぞれA, Bとおく。弧ABの中点Kを通り線分ABと平行な直線がAC, BCと交わる点をそれぞれD, Eとおくと，D, Eは外接正2^{k+1}角形の頂点となる。このとき，EK＝DK＝EB＝DAが成り立つ。三平方の定理により，CEはEKよりも長い。すなわち，EK＜EC，EK＝EBからEB＜EC，BC＝EB+EC＜2ECより

$$\triangle BKC < 2\triangle EKC$$

したがって，

$$\frac{1}{2}\triangle BKC < \triangle EKC \quad \cdots ①$$

同様に，DK＜DC, DK＝DAから

$$\frac{1}{2}\triangle AKC < \triangle DKC \quad \cdots ②$$

①，②から，

$$\frac{1}{2}(\triangle AKC + \triangle BKC) < \triangle CDE$$

よって，△CDEの面積は線分CB, 線分CAと弧AKBに囲まれた面積の$\frac{1}{2}$より大きい。

これらの関係を整理すると，以下の2つの式が成り立つ。

$$R_{k+1} = R_k - 2^k \triangle \text{CDE} \tag{8.6}$$

$$\frac{1}{2}(R_k - S) < 2^k \triangle \text{CDE} \tag{8.7}$$

このとき，R_{k+1} について以下の不等式が成り立つ．

$$\begin{aligned}
R_{k+1} &= R_k - 2^k \triangle \text{CDE} & &(\text{式}(8.6)\text{より}) \\
&< R_k - \frac{1}{2}(R_k - S) & &(\text{式}(8.7)\text{より}) \\
&= \frac{1}{2}R_k + \frac{1}{2}S \\
&< \frac{1}{2} \cdot \frac{2^{k-2}+1}{2^{k-2}}S + \frac{1}{2}S & &(\text{帰納法の仮定より}) \\
&= \frac{2^{k-1}+1}{2^{k-1}}S
\end{aligned}$$

よって，$R_{k+1} < \dfrac{2^{k-1}+1}{2^{k-1}}S$ である．

以上により，2 以上のすべての自然数 n について $\dfrac{2^{n-1}-1}{2^{n-1}}S < T_n$ と $R_n < \dfrac{2^{n-2}+1}{2^{n-2}}S$ が成り立つことがわかる． ❖

準備が整いました。いよいよ定理の証明に入ります。ここで重要になるのが，$\lim\limits_{n \to \infty} \dfrac{1}{2^n} = 0$ という性質です。この事実を数文であらわすと次のようになりましたね。

$$\forall \varepsilon > 0 \; \exists n \; \forall m > n \left(\frac{1}{2^n} < \varepsilon \right)$$

まさにこの ε を利用することで，証明は完結するのです。

> **定理 8.1**
>
> 半径 r の円の面積 S は πr^2 に等しい。

証明

$S \neq \pi r^2$ と仮定する。（背理法の仮定）

$\pi r^2 < S$ と $S < \pi r^2$ という2つの場合に分けて考える。

① $\pi r^2 < S$ と仮定する。$\dfrac{S-\pi r^2}{S}=\varepsilon$ と定める。ここで，十分に大きな n を選べば，$\dfrac{1}{2^{n-1}} < \varepsilon$ とできることに注意しよう[2]。この n について，次の不等式が成り立つ。

$$\frac{1}{2^{n-1}} < \varepsilon$$

$$1 - \frac{2^{n-1}-1}{2^{n-1}} < \varepsilon \tag{8.8}$$

よって，次の不等式が成り立つ。

$$\begin{aligned}
S - T_n &< S - \frac{2^{n-1}-1}{2^{n-1}}S & \text{（補題8.2より）}\\
&= \left(1 - \frac{2^{n-1}-1}{2^{n-1}}\right)S \\
&< \varepsilon S & \text{（式(8.8)より）}\\
&= \frac{S-\pi r^2}{S}S & \text{（}\varepsilon\text{ の定義より）}\\
&= S - \pi r^2
\end{aligned}$$

このとき，$\pi r^2 < T_n$ となる。これは補題8.1の式(8.1)と矛盾する。

② $S < \pi r^2$ と仮定する。$\dfrac{\pi r^2 - S}{S} = \varepsilon$ と定める。ここで，十分大きな n を選

---

[2] ε の逆数 $\dfrac{1}{\varepsilon}$ よりも 2^{n-1} が大きくなるように n をおけばよい。具体的には，$\dfrac{1}{\varepsilon}$ の二進表示の桁数に2をたした数を n とすればよい。

べば，$\frac{1}{2^{n-2}} < \varepsilon$ とできることに注意しよう．この n について，次の不等式が成り立つ．

$$\frac{1}{2^{n-2}} < \varepsilon$$

$$\frac{2^{n-2}+1}{2^{n-2}} - 1 < \varepsilon \tag{8.9}$$

よって，次の不等式が成り立つ．

$$R_n - S < \frac{2^{n-2}+1}{2^{n-2}} S - S \quad (\text{補題}8.2\text{より})$$

$$= \left(\frac{2^{n-2}+1}{2^{n-2}} - 1\right) S$$

$$< \varepsilon S \quad (\text{式}(8.9)\text{より})$$

$$= \frac{\pi r^2 - S}{S} S \quad (\varepsilon \text{の定義より})$$

$$= \pi r^2 - S$$

このとき，$R_n < \pi r^2$ となる．これは補題8.1の式(8.2)と矛盾する．

①，②どちらでも矛盾が導かれた．よって，$S = \pi r^2$ である． ◈

定理8.1のあらすじをもう一度振り返ってみましょう．

(1) 円の面積は内接正 2^n 角形によって下から近似され，外接正 2^n 角形によって上から近似される．n を大きくとればとるほど，近似はよくなる．

(2) 逆にいえば，円の面積に 1 よりほんの少し小さな値 $\left(\frac{2^{n-1}-1}{2^{n-1}}\right)$ をかけると，内接正 2^n 角形より小さくなる．また，円の面積に 1 よりほんの少し大きな値 $\left(\frac{2^{n-2}+1}{2^{n-2}}\right)$ をかけると，外接正 2^n 角形よりも大きくなる．

(3) 内接正 2^n 角形の面積は πr^2 より小さい．

(4) 外接正 2^n 角形の面積は πr^2 より大きい．

(5) 円の面積が πr^2 よりも真に小さいならば，円の面積に 1 よりほんの少し

大きな値をかけたものも πr^2 より小さくなる。よって，外接正 2^n 角形はさらに小さくなる。これは，(4)に矛盾。

(6) 逆に円の面積が πr^2 よりも真に大きいならば，円の面積に1よりほんの少し小さな値をかけたものも πr^2 よりも大きくなる。よって，内接正 2^n 角形はさらに大きくなる。これは(3)に矛盾。

(7) 円の面積は πr^2 以外にありえない。

このあらすじが「証明」となるための肝となる部分が，「$\dfrac{2^{n-1}-1}{2^{n-1}}$ と $\dfrac{2^{n-2}+1}{2^{n-2}}$ がともに1に収束する」という事実でした。古代ギリシャでは「収束」という概念がありませんでしたから，その代わりとして取りつくし法を使ったのです。そこには，有限の存在である人間が無限のものを把握するための手段である数学的帰納法と背理法のエッセンスが詰め込まれているのです。

中学校で学んだ図形の体積の公式の多くも，実は古代ギリシャ時代に同じような手法を使って証明されました。たとえば，半径 r の球の体積 V を求める公式

$$V = \dfrac{4}{3}\pi r^3$$

や底面積が S で高さが h の円錐や角錐の体積 V を求める公式

$$V = \dfrac{1}{3}Sh$$

がその代表的な例です。

CHAPTER 8　終章

発展課題 8.1　放物線 $y=x^2$ と $y=1$ に囲まれた図形の面積が $\dfrac{4}{3}$ になることを，背理法と取りつくし法を使って証明してみよう。また，高校の数学Ⅲで学ぶ積分を用いた解法と比べてみよう。

（あえて答えはつけません）

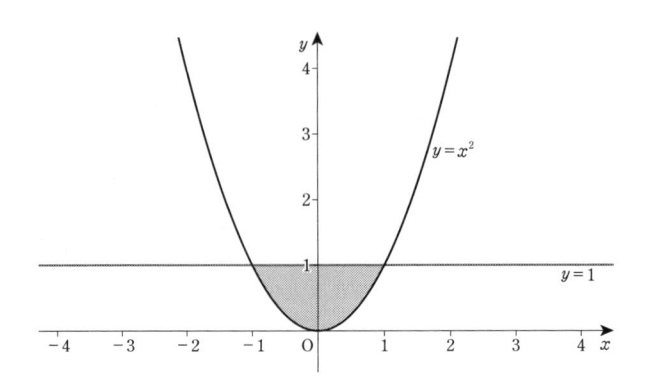

さて，いかがだったでしょう。

最後にチェックシートで，この本で学んだことを振り返ってみます。

☐ 「関数 $f(x)$ のグラフは右上がり」「関数 $f(x)$ は $x=3$ で最大値をとる」などの和文を，正確に数文に置き換えることができるようになりましたか？

☐ 「$\forall x \, \exists y \, (f(x)=y)$」と「$\exists y \, \forall x (f(x)=y)$」のちがいが伝わるように，和訳できるようになりましたか？　また，これらの条件を満たすような関数 f の例をあげられますか？

☐ ド＝モルガンの法則や，「かつ」と「または」の間の分配法則を使って，与えられた命題を同等の命題に書き換えることができますか？

☐ ε-δ 論法を使って極限を表現できるようになりましたか？

☐ 証明すべき命題を正しく数訳し，その構造に従って論理的に証明することができるようになりましたか？

☐ 「同じように繰り返す」操作を数学的帰納法を使って証明することができるようになりましたか？

☐ 数学の教科書に書かれている証明を論理的に追えるようになりましたか？

☐ 自分の書いた証明を見直して，論理のギャップを見つけ，訂正できるようになりましたか？

　まだクリアできていない項目があるなら，関連している章にもどってもう一度復習しましょう。

　もし，上に書かれている項目すべてをクリアできたなら，私の役目は終わりです。あなたはもう大丈夫。この先，解析学の本も代数学の本もきっと自力で読み解くことができるはずです。

　それでは，数学の世界へどうぞ気をつけていってらっしゃい。

引用文献

『数学 I 』『数学 II 』東京書籍，2008
『新編 新しい算数 5 下』東京書籍，2005
『理科 1 分野 下』教育出版，2006
ロラン=バルト著『テクストの快楽』，沢崎浩平訳，みすず書房，1977
ルイス=フロイス著『ヨーロッパ文化と日本文化』，岡田章雄訳，岩波書店，1991
『ユークリッド原論』中村幸四郎/寺阪英孝/伊藤俊太郎/池田美恵訳，共立出版，1971
夏目漱石著『吾輩は猫である 上』，集英社，1995
ルイス=キャロル著『鏡の国のアリス』，高杉一郎訳，講談社，1988
『旧約聖書VI 列王記』池田 裕訳，岩波書店，1999
叶 恭子著『叶 恭子の知のジュエリー12ヵ月』，理論社，2008
高橋源一郎著『さようなら，ギャングたち』，講談社，1985
ロナルド L. グレアム/ドナルド E. クヌース/オーレン=パタシュニク著『コンピュータの数学』，有澤 誠/安村通晃/荻野達也/石畑 清訳，共立出版，1993
結城 浩著『数学ガール フェルマーの最終定理』ソフトバンククリエイティブ，2008

参考文献

上垣 渉著『はじめて読む数学の歴史』，ベレ出版，2006
室井和男著『バビロニアの数学』，東京大学出版会，2000
D. ヒルベルト著『幾何学基礎論』，中村幸四郎訳，ちくま学芸文庫，2005
ニコラ ブルバキ著『ブルバキ数学史 上・下』，村田 全/杉浦光夫/清水達雄訳，ちくま学芸文庫，2006
小林昭七著『円の数学』，裳華房，1999
松坂和夫著『集合・位相入門』，岩波書店，1989
フェルディナン=ド=ソシュール著『ソシュール一般言語学講義―コンスタンタンのノート』，影浦 峡/田中久美子訳，東京大学出版会，2007
スティーブン ピンカー著『言語を生みだす本能 上・下』，椋田直子訳，NHKブックス，1995
Dirk van Dalen 著 "Logic and Structure", Springer, 2008

INDEX

あ行

ある ……………………………………58, 88
あるいは ………………………………58, 64
言い換えると ……………………………58
以外 ………………………………………58
いちばん外側の論理記号 ………………65
一様連続 ………………………………146
一項関係 …………………………………46
いつも ……………………………………58
イプシロン-デルタ論法 ……………136,137
上に有界 ……………………………133, 134
エスペラント ……………………………vi
円 ………………………………………18
円周率 …………………………………18

か行

か …………………………………………58
開区間 …………………………………138
解釈 ……………………………………178
階乗 ………………………………………98
傾き ………………………………………29
かつ …………………………52, 58, 59, 65, 71, 78
必ず ………………………………………58
関係 ……………………………………44, 71
関数 …………………………………42, 129
，（カンマ） ……………………………58
奇数 ………………………………………17
既知の定理 ……………………………191
共通部分 ………………………………201
極限 ……………………………………137
空集合 …………………………………200
偶数 ………………………………………17
区間 ……………………………………138
結合法則 ………………………………103
結論 ………………………………………83
元 ………………………………………200
「原論」 ………………………7, 9, 12, 13, 150
交換法則 ………………………………102
構成的な証明 …………………………118

さ行

合成 ………………………………………39
公理 ………………………………………7
誤謬 ……………………………………196

最小の関係 ……………………………50, 51
最大公約数 ………………………………17
差集合 …………………………………202
さらに ……………………………………58
三段論法 ……………………………189, 190, 220
四角形 ……………………………………29
下に有界 ………………………………134
収束 ……………………………………138
収束する …………………………136, 146, 149
自由な変数 ………………………………94
十分条件 …………………………………84
証拠（witness） …………………………97
証明（prove, proof） …38, 178, 184, 192, 203
数学語 ………………………………vi, vii
数学的帰納法 …………………………209, 210
数学の辞書 …………………………20, 22
数学の接続詞 ……………………………50
数訳 ……………………………vii, 62, 64, 65
数列 …………………………………29, 30
すべての …………………………58, 59, 71, 88
性質 ………………………………………46
性質の表現 ………………………………44
正の数 …………………………………2, 3
正方形 …………………………………78, 79
絶対収束する …………………………149
切片 ………………………………………29
0項関係 …………………………………46
全射 ……………………………………129
前提 ………………………………48, 83, 84
素数 ………………………………………97
存在する ……………………57, 58, 59, 67, 71

た行

対偶 ……………………………………109
対象 ……………………………39, 50, 71

INDEX

対象領域 …………………………………90, 184
大小 ……………………………………………71
だったら ………………………………………58
谷山・志村予想 ……………………………219
単射 …………………………………………129
単調減少 ……………………………………134
単調増加 ……………………………………134
直径 ……………………………………………18
対の関係 ……………………………………111
つまり …………………………………………58
で ………………………………………………58
定義（definition）………2, 6, 9, 17, 22, 24
定義による分解 ……………………………203
定義をする …………………………………20
定理（theorem）………………………38, 184
でない ………………………………53, 58, 59, 64
と ………………………………………………58
等号 ……………………………………………45
同値 …………………………………47, 54, 58, 59, 71, 85
同値な命題への置き換え …………………102
とすると ………………………………………58
ド=モルガンの法則 …………………110, 111, 112
取りつくし法 ………………………………227
どんな ……………………………………57, 58, 66

な行

内包的記法 ……………………………………47
ならば ……………………………52, 54, 58, 59, 71, 83
二項関係 ………………………………………52
二重否定の法則 ……………………………80
任意の ……………………………………58, 94
除いて …………………………………………58
のとき ……………………………………52, 58, 64

は行

場合分け …………………………………73, 76
排中律 …………………………………………76
背理法 …………………………………81, 227
発散 …………………………………………138
バナッハ-タルスキーの定理 …………185

半径 ……………………………………………19
非 ………………………………………………58
非構成的な証明 ……………………………117
必要十分条件 …………………………………85
必要条件 ………………………………………83
否定 ………………………………………71, 80
等しい …………………………………………71
比の値 …………………………………………18
微分係数 ……………………………………122
フェルマーの小定理 ………………………216
フェルマーの大定理 ………………………218
含まれる ………………………………………71
部分関数 ……………………………………129
部分集合 ……………………………………200
分配法則 ……………………………………105
閉区間 ………………………………………138
平行 ……………………………………29, 30
変数 ……………………………………………57
ポアンカレの予想 …………………………184
補集合 ………………………………………202
補題 ……………………………………218, 219

ま行

または …………………………………55, 58, 59, 71, 73
無限級数 ……………………………………146
無定義用語 ……………………………14, 17
無理数 …………………………………………81
命題（proposition）……………………36, 42, 44
命題の対象 ……………………………………36

や行

や ………………………………………………58
有理数 …………………………………………81

ら行

量化子（quantifier）…………………………58
量化子に関するド=モルガンの法則 ……114
「リンド・パピルス」 ……………………9, 11
連続 …………………………………………138
論理 …………………………………vi, 2, 13

論理記号（logical symbol）…49, 58, 59, 101
論理結合子（connective）…49, 58, 59, 71, 72
論理式 ……………………………………142

わ行

和集合 ………………………………………201
割り切る ……………………………………63

人名

アリストテレス ……………………………189
アルキメデス ……………………180, 189, 228
エウクレイデス ………………………………7
コーシー ……………………………………137
ザメンホフ …………………………………vi
パスカル ……………………………………228
ピタゴラス …………………………………185
フェルマー …………………………………215
ペレルマン …………………………………119
ユークリッド …………………………………7
ライプニッツ ………………………………148
ワイエルシュトラウス ……………………137
ワイルズ ……………………………………218

記号

$=$ ……………………………………45, 71
$\longrightarrow$ ………………………52, 58, 59, 64, 67, 71, 83
$\wedge$ ………………………………52, 58, 59, 65, 67, 71, 78
$\neg$ …………………………………53, 58, 59, 64, 71, 80
$\neq$ ……………………………………………53

$\in$ ……………………………………………53
$\longleftrightarrow$ …………………………………54, 58, 59, 71, 85
$\vee$ …………………………………55, 58, 59, 65, 71, 73
$\exists$ …………………………………57, 58, 59, 68, 71, 123, 142
$\forall$ …………………………………58, 59, 66, 68, 71, 123, 142
$x \mid y$ ……………………………………………63
$<$ ……………………………………………71
$\in$ ……………………………………………71
$A \vee B \longrightarrow C$ を証明 …………………………77
$A \longrightarrow B \vee C$ を証明 …………………………77
$A \vee \neg A$ ……………………………………77
B を矛盾した命題としたとき，$B \vee A$ ……77
$A \wedge B \longrightarrow C$ を証明 …………………………80
$A \longrightarrow B \wedge C$ を証明 …………………………80
$\neg A$ を証明 …………………………………81
$A \longrightarrow B$ を証明 ……………………………84
A という条件が B という条件と同値であることを証明 ………………………………87
$\forall x\, P(x)$ を証明 ………………………96, 115
$\exists x\, P(x)$ を証明 ………………………100, 115
$\mathbb{N}$ ……………………………………………46
$\mathbb{Q}$ ……………………………………………92
$\mathbb{R}$ ……………………………………………46
$\mathbb{Z}$ ……………………………………………93
$n!$ ……………………………………………98
ε ……………………………………………136
δ ……………………………………………136
ε-δ 論法 …………………………………137
$\overset{\text{def}}{\Longleftrightarrow}$ ………………………………………200
ϕ ……………………………………………200
$\cap$ ……………………………………………201
$\cup$ ……………………………………………201
$A - B$ ………………………………………202
$\overline{A}$ ……………………………………………202

　　　　　　監修●上野健爾　四日市大学関孝和数学研究所所長
　　　　　　　　　　新井紀子　国立情報学研究所教授

著者●新井紀子（あらい のりこ）
一橋大学法学部，イリノイ大学数学科卒業。イリノイ大学大学院博士課程を経て，東京工業大学から博士（理学）取得。現在，国立情報学研究所教授，社会共有知研究センター長。専門は数理論理学，情報学。2011年より人工知能プロジェクト「ロボットは東大に入れるか」を主導。2016年より基礎的読解力を測る「リーディング・スキル・テスト」を開発。この二つのプロジェクトを概説した『AI vs. 教科書が読めない子どもたち』（東洋経済新報社）で，日本エッセイストクラブ賞，石橋湛山賞，山本七平賞，大川出版賞などを受賞。他にも『計算とは何か』（共著，東京図書），『ハッピーになれる算数』『生き抜くための数学入門』（いずれも理論社，イースト・プレス），『ロボットは東大に入れるか』（イースト・プレス，新曜社）など多くの著作がある。

math stories
数学は言葉
　　　すうがく　　ことば

2009年 9月25日　第 1刷発行
2025年 6月10日　第18刷発行

Printed in Japan
© Noriko Arai, 2009

著　者　新井紀子
発行所　東京図書株式会社
　　　　〒102-0072　東京都千代田区飯田橋 3-11-19
　　　　電話●03-3288-9461
　　　　振替●00140-4-13803
　　　　ISBN978-4-489-02053-7
　　　　http://www.tokyo-tosho.co.jp

R〈日本複写権センター委託出版物〉
本書を無断で複写複製（コピー）することは，著作権法上の例外を除き，禁じられています。
本書をコピーされる場合は，事前に日本複写権センター（JRRC）の許諾を受けてください。
JRRC〈http://www.jrrc.or.jp e-mail：info@jrrc.or.jp Tel：03-3401-2382〉

計算とは何か
新井紀子・新井敏康 著

私たちがしてきた計算，
そしてこの先の計算には，実はなかなか
スリリングでエキサイティングな
ストーリーがあるのです。
このストーリーの中に，計算をする
ことの答えをさがしてください。

＊　＊　＊

そうか，こうして私たちは
世界に生まれ，世界を見つめ，
自分を世界に近づけ，歩んできたのか。
本書を読むことで，私たちは
世界を変える。そして自らの内に
育んできた勇気と力を取り戻す。
これは勇者についての物語だ。

瀬名秀明

変化をとらえる
高橋陽一郎 著

「変化をとらえる」という，
ひとつ方角を定めて深い森を
通り抜けたとき，美しかった風景の心象を
回想するとともに，新たな地平が広がる
ことを期待しています。
数学とは，美しく厳密であるとともに，
豊かでパワフルな世界です。

＊　＊　＊

数学は面白いと良くわかるし，
良くわかれば面白い。そんな本が現れた。
本物の数学者が心を籠めた本は，
やはり一味違う。
物事が発展していく様子を
「変化」として捉え，ここから数学を作る
楽しい本である。

甘利俊一

---

math Stories
上野健爾・新井紀子 監修

測る
上野健爾 著

沖の船までの距離，木や建物の高さ，
大陸の広さ，地球の海水全体の量，
地球から月までの距離さえも，ひとえに
それらを測ることが人間の生活にとって，
どうしても必要だったのです。
小学校から大学までの「測るはなし」を
つなぎ，人間が「測る」ことにかけた
情熱と工夫について，紹介します。

＊　＊　＊

経済学に数学は必要だが，なかなか
文系には難しい。
速度と微分，ルベーグ積分，ブラウン運動
……。すべてを「測る」の観点から
説き起こす本書には，一流の数学者
ならではの見事な分かり易さがある。

西村和雄

数学の視点
上野健爾 著

中学校で文字式や座標の考え方を
最初に学ぶときに抵抗感があるのは
当然である。数学者でさえもその必要性を
認めるのに長い時間が必要であったから。
1つの対象がそれを見る角度によって，
全く違ってみえることを，できるかぎり
詳しく説明してみたい。

＊　＊　＊

鶴亀算からはじめ，方程式を立てる，
ベクトル空間，内積の導入をへて，
体の拡大やイデアル，3，4次方程式の
解法を紹介し，ガロワ理論への案内に
及ぶ。数学の視点が具体的に語られ，
天才ガロワの発想を知りたい若者には
たまらない一冊である。

益川敏英